北京大学国家发展研究院
National School of Development

北京大学国家发展研究院智库丛书
主编 黄益平

水资源与水权问题
经济分析

Water Resource and Water Rights in China：
Some Economic Analyses

徐晋涛 主编

中国社会科学出版社

图书在版编目（CIP）数据

水资源与水权问题经济分析／徐晋涛主编 . —北京：中国社会科学出版社，
2019.5

（北京大学国家发展研究院智库丛书）

ISBN 978 - 7 - 5203 - 4387 - 9

Ⅰ. ①水… Ⅱ. ①徐… Ⅲ. ①水资源管理—研究—中国 Ⅳ. ①TV213.4

中国版本图书馆 CIP 数据核字（2019）第 088659 号

出 版 人	赵剑英
责任编辑	王 茵
特约编辑	周枕戈
责任校对	石春梅
责任印制	王 超

出 版	中国社会科学出版社
社 址	北京鼓楼西大街甲 158 号
邮 编	100720
网 址	http://www.csspw.cn
发 行 部	010 - 84083685
门 市 部	010 - 84029450
经 销	新华书店及其他书店

印 刷	北京明恒达印务有限公司
装 订	廊坊市广阳区广增装订厂
版 次	2019 年 5 月第 1 版
印 次	2019 年 5 月第 1 次印刷

开 本	710×1000 1/16
印 张	17.5
插 页	2
字 数	189 千字
定 价	79.00 元

北京大学国家发展研究院
《水资源与水权》项目研究组成员
及对本书贡献

顾　问

周其仁，北京大学国家发展研究院教授

卢锋，北京大学国家发展研究院教授

项目组研究人员

徐晋涛（负责人，第三、四章），北京大学国家发展研究院教授

郑一（第一章），北京大学工学院特聘研究员、水资源中心副主任

李周（第二章），中国社会科学院农村发展所研究员、原所长

张海鹏（第三章），中国社会科学院农村发展所副研究员

范杰（第三章），北京大学环境科学与工程学院硕士研究生

何卉（第四章），（原）北京大学环境科学与工程学院环境管理系高级研究助理

王金霞（第五章），北京大学现代农学院教授

目　　录

第 一 章

中国水资源状况和问题的
回顾与分析

1995 年，美国学者李斯特·布朗（Lester R. Brown）出版了著名的《谁来养活中国?》（*Who Will Feed China*?）一书，对中国的粮食安全提出了高度质疑。时至今日，李斯特的担忧并未成为现实——近10 年来，中国的粮食自给率始终超过 95%。体制机制的改进、政策的创新以及科技的进步对中国粮食安全保障起到关键作用。

进入 21 世纪以来，水资源安全正成为继粮食安全之后中国所面临的又一个重大命题。水资源是人类社会和自然生态系统的基石，水的危机将不可避免地引发或加剧粮食、生态、经济乃至社会政治方面的危机。中国的水资源能否持续支撑中国经济的高速发展？中国的水资源开发和利用是否会不可避免地造成生态和环境灾难？体制机制的完善、政策的创新以及科技的进步能否且如何帮助中国应对若隐若现的水危机？这一系列的问题正引起学者、管理者乃至普通国民的关注和思考。

本章对中国水资源的状况进行全景式的阐述，希冀为上述问题的解答提供客观参考。本章第一节以"量"为着眼点，对中国水资源禀赋、供需矛盾及其解决途径进行分析，并阐述了对于传统"治水"任务的新认识。本章第二节从"质"的角度分析中国水资源所面临的全新挑战。本章第三节讨论了尚未引起充分重视的地下水资源问题，揭示潜在的风险。本章第四节则探讨中国水资源与生态及气候之间的密切联系，强调以系统的观点看待水资源问题、以系统的方法应对潜在的水危机。

◇◇ 第一节　中国的水危机：资源危机
还是治理危机？

一　中国的水资源量

中国有近半国土面积处于季风气候区，太平洋和印度洋的暖湿气流为其东南、西南及东北地区带来丰沛的降水。中国多年平均河川径流总量①约为 2.7 万亿立方米，在全球范围内仅次于巴西、俄罗斯、加拿大、美国和印度尼西亚五国。如果计入地下水与地表水资源不重复的部分，中国的淡水资源总量②约为 2.8 万亿立方米。中国并不是一个传统意义上的缺水国度，这在传统文化对于江河湖

---

① 河川径流总量代表地表水资源总量。国际上通常用一个地区的河川径流总量表征该地区的水资源总量。

② 在国内，通常将水资源总量定义为地表水资源总量（即河川径流总量）加上地下水中不与地表水重复的那部分水量（所谓"重复"，意指地下水与地表水之间相互转化的部分）。

沼、雨露霜雪的反复咏叹中也能轻易获得印证。

但是，相对于广袤的土地和庞大的人口，中国的水资源并不充裕——单位国土面积水资源量约 29 万立方米/平方公里，比全球平均水平低 10% 左右；单位耕地面积水资源量约为 1400 立方米/亩，仅为世界水平的 1/2；人均水资源拥有量约 2030 立方米（2000—2009 年的平均值），仅为世界人均占有量的 1/4，在全球各国中列第 120 位之后。目前国际上较为公认的缺水标准为：人均水资源量 3000 立方米以下为轻度缺水，2000 立方米以下为中度缺水，人均水资源量 1700 立方米为用水紧张警戒线，人均 1000 立方米以下为重度缺水，人均 500 立方米以下为极度缺水。依据上述标准，近 10 年来中国整体上一直徘徊在轻度缺水和中度缺水的交界处（参见图 1-1），个别枯水年份甚至逼近用水紧张的警戒线。

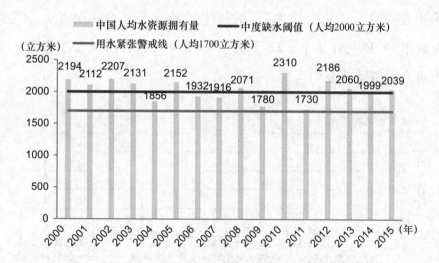

图 1-1　2000—2015 年中国人均水资源拥有量

注：数据出自各年份的《中国统计年鉴》和 2016 年的《全国年度统计公报》。

事实上，图1-1远不能体现中国的水资源短缺的真实程度，主要原因在于以下方面。

（1）实际可供开发利用的水资源量已十分有限。据估计，扣除生态环境用水和出境水量等，每年可供开发利用的水资源的极限值据估计不超过8000亿立方米（不足总量的30%）（钱正英、张光斗，2001）。目前，便于利用的水资源基本已经开发殆尽，新增水源工程的建设难度和成本将十分高昂。

（2）水资源空间分布不均。中国水资源分布总体上呈"南多北少"之势：占全国总面积60%的北方地区，水资源总量仅占全国总量的21%；尤其是占国土面积1/3的西北地区，水资源总量仅为全国的8%左右。图1-2显示了2015年除中国香港、中国澳门、中国台湾外31个省（自治区、直辖市）的人均水资源量，其中低于1000立方米（"重度缺水"）的共计12个，低于500立方米（"极度缺水"）的共计9个。12个低于1000立方米省份中仅江苏和上海为南方省份，其余均为北方省份。

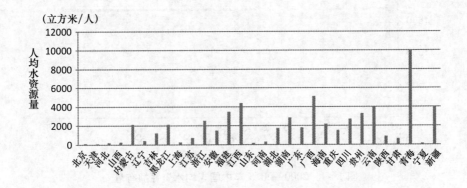

图1-2　2015年中国各省份人均水资源占有量

注：数据出自2016年的《中国统计年鉴》（西藏：120121立方米/人）。

（3）水资源禀赋与人口和生产力布局呈逆向配置。人口稠密、生产力布局集中的地区，水资源极度匮乏；而水资源丰富的地区，人口却非常稀少。这一点在中国北方地区表现得尤为明显：黄河、淮河和海河三大流域的国土面积占全国的15%，耕地、人口和GDP分别占全国的1/3，而水资源总量却仅为全国的7%。其中海河流域人均水资源占有量仅为335立方米（夏军，2002），尚不足全国的1/6，已属于"极度缺水"地区。

（4）水资源时间分配不均匀。受季风气候影响，长江以南地区由南往北的雨季为3—6月至4—7月，降水量可占全年的50%—60%；而长江以北地区的雨季为6—9月，集中了全年70%—80%的降水。集中的降水不但造成频繁的洪涝灾害，也使大量洪水径流难以得到有效利用。此外，降水量和径流量的年际变化亦十分显著，南方地区最大年降水量一般是最小年降水量的2—4倍，北方地区则可达3—6倍。

（5）水质型缺水问题严重。全国有近50%的河段、90%的城市水域已受到了不同程度的污染。北方河流"有水皆污"，南方河流则因污染导致"守着河流无水喝"的情形（中国科学院可持续发展战略研究组，2007）。地下水污染问题日益突出，中国城市的浅层地下水不同程度地遭受有机或无机污染物的污染，并已呈现由点向面的扩展趋势。城乡饮用水安全受到严重威胁。

（6）全球气候变化和人类活动影响区域水循环。全球变暖可能使中国年降水量及年径流量呈现"南增北减"的不利趋势。南方地区突发性洪涝灾害事件可能增多，北方地区则可能变得更加干旱。

人类活动则显著改变了地形、土地利用等流域下垫面条件，进而对区域水循环产生影响。以海河流域为例，在气候变化和人类活动的双重作用下，近 20 年来地表水资源量已减少了 40%（夏军，2008）。

综上所述，就整体禀赋而言，中国的水资源并不存在严重短缺，但当前实际可供开发利用的水资源数量相当有限，且日益受到水污染的威胁。另外，水资源分布的不均匀性，以及水资源分布与经济社会发展布局的错位，使得中国部分地区（如海河流域）已陷入极度缺水的境地。气候变化和人类活动对区域水循环的影响则进一步增加了未来中国水资源数量的不确定性。毋庸置疑，"缺水"已成为中国当前一个客观存在的挑战。

二 供需矛盾

一个国家或地区水资源的实际短缺程度，并不单纯取决于水资源的自然禀赋，而是由水资源供给和需求的矛盾决定。以色列人均水资源拥有量不足 300 立方米，快速增加的人口和持续增长的经济对这个水资源稀缺的干旱区国家构成了巨大压力。以色列政府通过综合、高效的水资源管理，有效缓解了水资源的供需矛盾，保持了经济增长稳定，基本满足了人口增长对水资源的需求。

2015 年，中国实际供水总量为 6103.2 亿立方米，占当年水资源总量的 21.8%，其中地表水供水量 4971.5 亿立方米，占总供水量的 81.5%，地下水供水量 1069.2 亿立方米，占总供水量的

17.5%，其他水源（污水处理回用、雨水利用和海水淡化，等）供水量为 62.5 亿立方米，占总供水量的 1.02%。图 1-3 显示了 2008年全国及 10 个水资源一级区的供水情况，体现出以下几方面特征：

（1）自然的地表水和地下水水源在当前中国的供水水源中仍占绝对主导，其他水源的供水量极其有限（在图 1-3 中已无法识别该部分水量），一般不超过 1%。其他水源供水比例最高的属海河流域，2008 年达到了 2.6%。

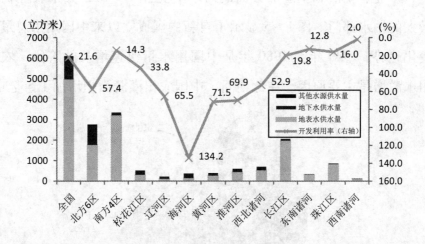

图 1-3　2015 年全国及分区供水量

注：数据来自 2015 年《中国水资源公报》。

（2）南方供水以地表水为主，其供水量一般超过总供水量的95%。受当地水资源条件所限，北方供水高度依赖地下水水源，其中海河流域和辽河流域的地表水供水比例均超过了 50%，海河流域甚至高达 64.8%。

（3）北方地区的水资源开发利用率①已全面超过国际上公认的40%警戒线。海河流域2015年甚至达到了134%，这表明部分地表水和地下水在流域内被反复多次使用（例如，部分灌溉水入渗补给浅层地下水，可在下游某处被再次开发利用）。在北方地区，为满足日益增长的用水需求，地下水过度开采的现象已十分严重，而过高的水资源开发利用率也加速了水质的恶化。

在传统的"以需定供"的模式下，供水量被分配用于满足农业、工业、生活和生态等方面的需求（见图1－4），其中农业仍是最大的用水部门。图1－5显示了自新中国成立以来中国用水总量的变化趋势。1949年至1980年是中国用水量快速增长的阶段，农业用水激增是主要原因。在此期间，中国农田灌溉面积增加了5亿亩，

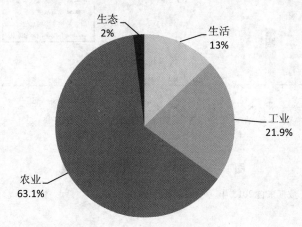

图1－4　2015年中国用水构成

注：数据来自2015年《中国水资源公报》。

———————————

①　此处及图1－3中的"水资源开发利用率"所用计算方法为：（地表水供水量＋地下水供水量）/水资源总量。所用数据均为2008年当年数据，而非多年平均数据。

由于灌溉方式粗放、手段落后，导致农业用水增长了2倍多。1980年至1997年，用水量进入一个缓慢增长阶段。此阶段农业用水趋于稳定，工业和城镇生活用水增加较快。1997年至今，用水量的增速进一步放缓，2005年之前甚至一度稳定在5600亿立方米左右。此阶段用水的主要特征是农业用水出现下降，工业与生活用水量持续增加。用水量增速进一步放缓的原因有两方面：首先，逐渐推广的节水型社会建设的理念，在压缩需求方面发挥了一定作用；其次，供水能力已逐渐逼近上限，新增供水能力的成本和难度不断增加，从而抑制用水需求。北方地区自20世纪90年代以来进入连续枯水期，水源条件的改变也影响了供水能力。

中国目前水资源的供需平衡（供水量＝用水量）只是一种"被动"的平衡，并不是真正意义上的平衡。用水必须通过供水来实

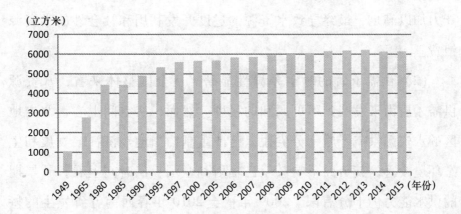

图1-5　中国用水总量的变化趋势

注：数据来自中国科学院可持续发展战略研究组（2007）、2009年《全国年度统计公报》、2010年《中国统计年鉴》、2016年《中国统计年鉴》。

现，因此供多少水，用多少水。在水源不足的情况下，无水可用必然造成合理的用水需求被抑制，如北方地区普遍存在的生活用水挤占工业用水、工业用水挤占农业用水。此外，在缺水的情况下，污水直接利用（如污灌）、浅层地下水超采和深层承压水开发等不合理的供水普遍存在，这部分水量在进行供需平衡分析时也是需要从供水项中扣除的。

中国水资源供需的矛盾现实存在，并将在相当一段时间内成为中国社会经济持续发展的掣肘。中国水资源供需所面临的主要问题与挑战可简要概括如下。

（1）传统的水资源管理模式仍未改变。"以需定供"的"供水管理"模式片面追求经济效益，强调需水要求，不考虑或较少考虑水资源承载力和供水能力方面的各种变化因素。在这种情况下，用水需求缺乏节制，需要多少水，就想方设法通过工程手段扩大供水能力加以满足，最终导致水资源的过度开发利用和社会性的水资源浪费。

（2）供需矛盾的时空差异性显著。从全国整体来看，水资源供需矛盾尚未发展到不可调和的程度。然而，从空间上看，北方地区的水资源供需矛盾十分尖锐，已严重制约当地经济社会发展和生态环境改善，其负面影响甚至已辐射到全国；从时间上看，干旱期的供水能力仍十分有限。2009年秋至2010年春西南五省发生的特大旱灾就暴露了水资源调控能力的不足和水利基础设施建设的滞后。

（3）用水效率和效益较低，水资源浪费较严重。中国的产业结构还处在比较低级的阶段，用水效率与国际先进水平相比尚有较大差距。部分地区在缺水的同时，仍然存在严重的用水浪费。单位国内生产总值的用水量，中国大约是世界平均水平的 4 倍，国际先进水平的 5—10 倍。农业灌溉用水有效利用系数为 0.45—0.50，远低于发达国家 0.7—0.8 的水平。

（4）水污染加剧水资源供需矛盾。本章第二节将对此进行专门的分析。

（5）其他水源的利用仍十分有限。例如，中国污水再生（即中水）利用率还相当低，目前城市污水再生利用量尚不足污水处理量的 10% 左右，与国际先进水平存在巨大差距。

综上所述，为真正实现中国水资源的供需平衡，必须由传统的"供水管理"旧模式转变为"需水管理"新模式，即从"以需定供"的水资源开发利用转变为合理开发、节约利用、有效配置、科学保护相结合的水资源综合管理。

三　节流和开源

解决水资源供需矛盾的方法不外乎两类：增加供给（即所谓"开源"）和减少需求（即所谓"节流"）。在当前技术条件下，易于利用的水资源基本已经开发殆尽，供水能力已经逐渐逼近可供开发利用水量的上限，未来新增水源工程的建设难度和成本将十分高昂。因此，"节流"优先已成为当前中国具体国情和水情之下的必然选择。2000 年 10 月，第十五届中央委员会第五次全体会议通过了《中共中央关于制定国民经济和社会发展第十个五年计划的建议》，首次提出了建设"节水型社会"的概念，从而明确了实现中国水资源供需平衡的战略方向。

节水型社会建设是通过法律、经济、行政、科技和文化等综合措施，在全社会建立起节水的管理体制和运行机制，使得人们在水资源开发和利用的各个环节，实现对水资源的节约和保护，杜绝用水的结构型、生产型、消费型浪费，保障人民的饮水安全，充分发挥水资源的经济、社会和生态功能，塑造一种"人水和谐"的社会形态（中国科学院可持续发展战略研究组，2007）。较之传统的节水，节水型社会建设的目标更全面，对水资源生产和消费的整体过程更加关注，并具有更丰富的手段。节水型社会建设体现了中国治水思路的重大转变：一是由传统的工程水利向现代的资源水利、可持续水利的转变；二是由供给管理向强调需求控制的综合管理的转变；三是由单一水资源管理措施向综合水资源管理措施的转变；四是由政府计划模式向政府、市场与公众三者结合的模式的转变。

"十三五"期间，中国的节水型社会建设规划目标集中于控总量、提效率、健体制、强能力、增意识五个方面。具体体现在：第一，全国用水总量控制在6700亿立方米以内，非常规水源利用量显著提升。第二，万元国内生产总值用水量、万元工业增加值用水量较2015年分别降低23%和20%，农田灌溉水有效利用系数提高到0.55以上。第三，水资源管理制度进一步完善，节水约束与考核机制逐步优化，水权水价水市场改革取得重要进展。第四，水资源监控能力显著提高，城镇和工业用水、农业灌溉用水计量率分别达到85%、70%以上，用水计量准确度、可靠性显著提升；节水标准体系进一步完善；研发推广一批先进适用节水技术。第五，提高公众对中国水情的认知，加强公众参与水资源节约保护的能力。目标要求实现北方40%以上，南方20%以上的县级行政区达到节水型社会标准（节水型社会建设"十三五"规划，2017）。

表1.1 "十三五"全国节水型社会建设主要指标

指标	"十二五"末完成	"十三五"规划指标	备注
用水总量控制（亿立方米）	[6103]	[6700]	约束性
万元国内生产总值用水量下降（%）	31	23	约束性
万元工业增加值用水量下降（%）	35	20	约束性
农田灌溉水有效利用系数	[0.532]	[0.55]	预期性
新增高效节水灌溉面积（万亩）	12000	10000	预期性
城市公共供水管网漏损率（%）	[15.2]	[10]	预期性
缺水城市再生水利用率（%）		[20]	预期性
规模以上工业水循环利用率（%）		[91]	预期性
城镇和工业用水计量率（%）	[70]	[85]	预期性
农业灌溉用水计量率（%）	[55]	[70]	预期性

注：带 [ ] 为期末达到数，其余为5年累计数。

为实现节水型社会建设规划目标，需要重点努力的方向包括以下方面。

（一）加强制度建设，完善节水降耗机制

强化水资源承载能力刚性约束。建立健全规划和建设项目水资源论证制度。拧紧水资源管理阀门。

（二）激活市场活力，促发节水内生动力

推进合同节水管理。实施水效领跑者行动。完善水资源有偿使用制度。积极探索建立水权水市场制度。建立用水产品水效标识制度。严格节水市场准入和监管。

（三）加强科技创新，鼓励节水产业发展

攻关研发前瞻技术。推广示范适用技术。建设节水创新示范区。支持节水产业发展。完善节水标准体系。

（四）强化监管考核，规范用水节水行为

健全节水法规和考核制度。加快计量监控能力建设。

（五）加大宣传力度，提升公众节水意识

加强节水"洁水"宣传。强化公众参与。

面对人口不断增长的压力，在强调"节流"优先的同时，也不能忽视"开源"的重要性。传统意义的"开源"是对地表水和地下水资源的开发利用。随着目前的供水能力逐渐逼近可供开发利用的水量的上限，传统的"开源"需强调水资源在时间和空间上的合理配置，如大型蓄水工程和调水工程建设和农田水利的兴修。而新的"开源"思路则是对其他水源（如再生水、雨水、淡化海水等）的利用。如本章第二节中所述，目前中国对于其他水源的利用极为有限，这恰恰表明了中国"开源"的潜力。以以色列为例，该国人均水资源拥有量尚不足 300 立方米，但人均用水量却超过 400 立方米。以色列水资源的供需平衡的维系，靠的就是对再生水（即中水）、淡化海水、雨水、进口水等非常规水源的充分利用。以下简要分析一下中国的再生水利用和海水淡化。

再生水是指污水经适当处理后，达到一定水质指标，满足某种使用要求（如生态和环境用水、绿地和农田灌溉等），可以进行循环再利用的水。再生水水量大、水质稳定、受季节和气候影响小，是国际公认的"城市第二水源"。以色列每年再生水利用量超过 5 亿立方米，约占供水总量的20%。近年来，中国城市污水处理能力得到了突飞猛进的增长，2009 年至 2015 年期间，中国城镇污水处理厂数量由 1878 座增至 3542 座（数据来源：住建部），污水日处理能力由 1.05 亿吨/日增至 1.70 亿吨/日。但是，中国城市再生水的利用率还相当低，截至 2011 年底，中国城镇污水再生利用率不足 10%。而以色列的再生水回用量占污水处理总量的80%以上，美国也约有 1/3 的城市污水都得到了有效回用。从经济的角度来看，再生水相比其他水源也具有优势。目前，再生水的成本为 1—3 元/吨，而海水淡化的成本为 5—7 元/吨，而跨流域调水的成本为 5—20 元/吨。

虽然再生水利用在中国个别城市（如北京）发展较快，但从全国整体来看还处于起步阶段。加快再生水利用的步伐，需要进行多方面的努力：首先，政府需在政策上给予积极扶持，培育再生水利用市场，建立和健全符合市场经济规律的投融资机制、运营管理机制和价格形成机制；其次，应理顺城建、环保、水利、土地等涉水部门之间的关系，实现再生水资源的统一管理；最后，应加快再生水利用的配套基础设施建设，加大对于废水收集、处理系统和再生水存储、配送系统建设的投入。

海洋是地球上最大的水库，向海洋要水无疑是人类解决水资源问题的终极选择。虽然目前海水淡化仍然是高成本、高能耗的技术，它的推广步伐正逐渐加速。截至2009年，全世界已有150个国家应用海水淡化技术，数亿人饮用或使用淡化水，淡化水以年增长率10%—12%的速度增加。中国目前已成为国际前十大淡化技术应用市场之一。截至2015年12月，全国已建成海水淡化工程139个，日产水规模达到102.65万立方米。

根据国家规划，到2020年，中国海水淡化产业中，仅针对海水的淡化，产能将达到300万吨/天，如果加上苦咸水淡化和工业水除盐，则海水淡化技术总的产能将可能达到800万吨/天至900万吨/天，这将与美国现在的淡化水总产能力相当（王世昌，2010）。如果这一产能得以实现，每年将可新增30亿立方米左右的供水能力。虽然这部分供水能力在全国供水总量中的比重很小，但对缓解部分沿海地区的用水紧张能发挥重要的作用。天津、辽宁、河北、山东和浙江等沿海省份将是未来海水淡化技术应用的主要市场。

从长远来看，海水淡化应当可以成为中国应对缺水问题的诸多选项之一。但在发展过程中应注意以下几方面问题。

首先，目前中国在海水淡化产业方面仍处于初期阶段，设备制造业和大型装置的开发设计能力与国际先进水平差距尚大，需在自主创新的基础上积极开展国际合作，加快进入国际水准的技术领域和市场竞争。

其次，应正确认识、合理应对大规模海水淡化工业的负面效果，包括对环境的潜在影响和对能源工业的依赖。

最后，应理性看待海水淡化产业。一个新兴产业市场的形成、发展和成熟需要一个渐进的过程，该过程不能脱离国家和地区社会经济发展的总体进程，短期内过多过急的商业炒作将不利于技术与市场的稳健发展。

四　水旱灾害

中国是一个饱受水旱灾害之苦的国家。从古至今，抗旱防洪始终是国之要务，是传统工程水利的核心内容。20世纪90年代后期以来，全球进入了一个水旱灾害事件频发的时期，而以季风气候为主的亚洲地区（包括中国）受水旱灾害的影响尤为严重。表1.2的统计数字清楚地表明了水旱灾害对于中国社会经济和人民生命财产安全的巨大威胁。限于篇幅，本书不再展开叙述中国水旱灾害的形成、发展和危害。鉴于旱灾是水资源供需矛盾的极端体现，下文将总结分析新形势下中国旱灾防治工作中所存在的问题和改进的思路。

新中国成立后，经过六十余年的水利建设，中国抗旱减灾的能力大大增强，"以救灾为主"的传统抗旱工作模式在计划经济体制下取得了很大成就。但随着市场经济体制的不断完善，管理体制的改变，传统的工作方法逐渐暴露出一些与现实不相适应之处。

（1）重"抗"轻"防"。在旱情出现后才做出反应，临时组织动员抗旱救灾力量，耗费大量资金和人力物力，不能做到以最小的投入取得最大的减灾效果。2009年秋至2010年春中国西南五省发生的特大旱灾就集中体现了忽视预防的严重后果。

（2）对旱情监测、预报、评估及抗旱水源配置等非工程型措施缺乏重视。目前中国在旱情信息采集、传递、分析方面的设备和技术还比较落后，对于旱情的发生和发展趋势很难进行科学的分析和预测，从而导致抗旱减灾行动存在一定的盲目性。

（3）主要依靠行政手段进行抗旱工作的指挥和部署，没有综合运用经济、法律和科技手段，无法适应市场经济体制的新形势。

（4）对生态效益重视不足，抗旱工作中只关注经济效益，只考虑满足工农业生产和生活用水的需要。

中国的地理气候特征决定了抗旱任务将长期存在。为了提升抗旱能力，从硬件方面来看，要继续加强抗旱水利工程的建设，特别是现代农田水利的兴修。更为重要的是软件方面的建设，重点举措可包括以下方面。

（1）全面推行抗旱预案制度，主动防范干旱风险。应根据当地气候特点、水源条件、用水需求，分析发生不同程度干旱可能出现的供水短缺情况，明确水源调度、节水限水、应急开源等应对措施及启动程序。

（2）建立全国抗旱信息系统，提高抗旱决策的准确性、时效性和权威性。

（3）建立抗旱物资储备制度，提高对旱灾的应急响应能力。

（4）加快抗旱立法工作，依法规范抗旱行为。

（5）探索旱灾保险机制，将市场经济体制和机制引入抗旱减灾领域。

表 1.2　全国 1990—2016 年水旱灾害统计

年份	洪涝灾害						旱灾		
	受灾面积（千公顷）	成灾面积（千公顷）	因灾死亡人口（人）	倒塌房屋（万间）	直接经济损失（亿元）	受灾面积（千公顷）	成灾面积（千公顷）	粮食损失（亿公斤）
1990	11804.0	5605.0	3589.0	96.6	239.0	18174.7	7805.3	128.2
1991	24596.0	14614.0	5113.0	497.9	779.1	24914.0	10558.7	118.0
1992	9423.3	4464.0	3012.0	99.0	412.8	32980.0	17048.7	209.7
1993	16387.3	8610.4	3499.0	148.9	641.7	21098.0	8658.7	111.8
1994	18858.9	11489.5	5340.0	349.4	1796.6	30282.0	17048.7	233.6
1995	14366.7	8000.8	3852.0	245.6	1653.3	23455.3	10374.0	230.0
1996	20388.1	11823.3	5840.0	547.7	2208.4	20150.7	6247.3	98.0
1997	13134.8	6514.6	2799.0	101.1	930.1	33514.0	20010.0	476.0
1998	22291.8	13785.0	4150.0	685.0	2550.9	14237.3	5068.0	127.0
1999	9605.2	5389.1	1896.0	160.5	930.2	30153.3	16614.0	333.0
2000	9045.1	5396.0	1942.0	112.6	711.6	40540.7	26783.3	599.6
2001	7137.8	4253.4	1605.0	63.5	623.0	38480.0	23702.0	548.0
2002	12384.2	7439.0	1819.0	146.2	838.0	22207.3	13247.3	313.0
2003	20365.7	12999.8	1551.0	245.4	1300.5	24852.0	14470.0	308.0
2004	7781.9	4017.1	1282.0	93.3	713.5	17255.3	7950.7	231.0
2005	14967.5	8216.7	1660.0	153.3	1662.2	16028.0	8479.3	193.0
2006	10521.9	5592.4	2276.0	105.8	1332.6	20738.0	13411.3	416.5

续表

年份	洪涝灾害					旱灾		
	受灾面积(千公顷)	成灾面积(千公顷)	因灾死亡人口(人)	倒塌房屋(万间)	直接经济损失(亿元)	受灾面积(千公顷)	成灾面积(千公顷)	粮食损失(亿公斤)
2007	12548.9	5969.0	1230.0	103.0	1123.3	29386.0	16170.0	373.6
2008	8867.8	4537.6	633.0	44.7	955.4	12136.8	6797.5	160.6
2009	8748.2	3795.8	538.0	55.6	846.0	29258.8	13197.1	348.5
2010	17866.7	8727.9	3222.0	227.1	3745.4	13258.6	8986.5	168.5
2011	7191.5	3393.0	519.0	69.3	1301.3	16304.2	6598.6	232.1
2012	11218.1	5871.4	673.0	58.6	2675.3	9333.3	3508.5	116.1
2013	11777.5	6540.8	775.0	53.4	3155.7	11219.9	6971.2	206.4
2014	5919.4	2830.0	486.0	26.0	1573.6	12271.7	5677.1	200.7
2015	6132.1	3053.8	319.0	15.2	1660.8	10067.1	5577.0	144.4
2016	9443.3	5063.5	686.0	42.8	3643.3	9872.8	6130.9	190.6
平均	12695.3	6962.7	2233.6	168.4	1481.6	21561.8	11373.8	252.4

注：成灾面积是指因灾造成减产30%以上的农作物播种面积。数据出处：《中国水旱灾害公报》(2016)。

（6）加强社会化抗旱服务体系建设，提高农业抗御干旱的能力。

五 小结

水资源短缺是中国当前无法回避的一个现实难题，但这个难题是有可能通过治水体制的变革而得到有效解决的。从这个意义上说，中国目前的水危机更是一种治理危机，而不是单纯的资源危机。应对中国的水危机需要采用的治水思路可以概括为三个方面。一是新的治水理念：人与自然和谐相处；二是新的管理制度：流域综合管理；三是新的治水手段：水权和水市场（汪恕诚，2002）。

本章剩余部分将对中国水资源的若干重点问题进一步加以阐述，以此传达人与自然和谐相处的治水新理念，表明流域水资源综合管理的重要性和必要性。而新的治水手段——水权和水市场——则正是本书的主题，将在后续各章中得到充分的阐述。

◇◇ 第二节 水污染：治水的新命题

一 水污染现状

由于经济的快速发展和防污、治污工作的相对滞后，中国的水污染程度不断加剧，引发一系列生态环境和人体健康风险问题。同时，水污染致使部分地区产生水质型缺水现象，迫使当地采取超采地下水、跨流域调水或大规模建设水源地保护工程等措施。这些被动的措施不但没有解决水污染问题，在处理不当的情况下，反而引发更多的环境地质和生态问题，如地面沉降、海水入侵、生物多样性丧失等。可以说，水污染已成为当代中国治水的新命题，其严重性和紧迫程度丝毫不亚于水量短缺。

2016 年《中国环境状况公报》显示，长江、黄河、珠江、松花江、淮河、海河和辽河七大水系总体上呈轻度污染。在 1617 个国考断面中，Ⅰ—Ⅲ 类、Ⅳ—Ⅴ 类和劣 Ⅴ 类水质的断面比例分别为 71.2%、19.7% 和 9.1%。主要污染指标为化学需氧量、总磷和五日生化需氧量、断面超标率分别为 17.6%、15.1% 和 14.2%。其中，长江和珠江流域水质良好，黄河、松花江、淮河和辽河流域为轻度污染，海河流域为重度污染（见图 1-6）。

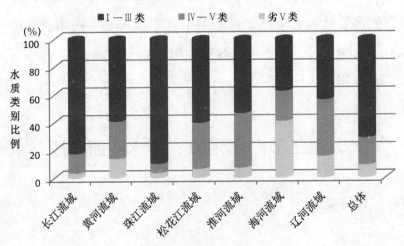

图 1-6　2016 年七大水系水质类别比例

注：引自 2016 年《中国环境状况公报》。

2016 年，112 个重要湖泊（水库）中，Ⅰ 类水质的湖泊（水库）8 个，占 7.1%；Ⅱ 类 28 个，占 25.0%；Ⅲ 类 38 个，占 33.9%；Ⅳ 类 23 个，占 20.5%；Ⅴ 类 6 个，占 5.4%；劣 Ⅴ 类 9 个，占 8.0%。主要污染指标为总磷、化学需氧量和高锰酸盐指数。108 个监测营养状态的湖泊（水库）中，贫营养的 10 个，中营养的 73 个，轻度富营养的 20 个，中度富营养的 5 个（见图 1 - 7a、b）。

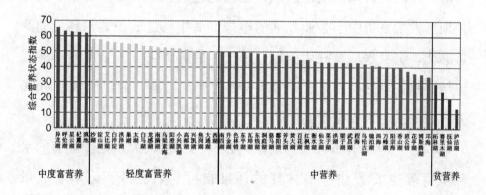

图 1 - 7a　2016 年重要湖泊营养状态指数

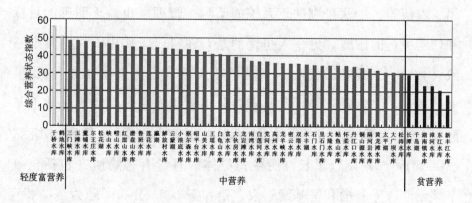

图 1 - 7b　2016 年重要水库营养状态指数

注：引自 2016 年《中国环境状况公报》。

事实上，《中国环境状况公报》尚不能充分体现中国水污染的严重程度，主要有以下几方面原因。

（1）部分区域的水污染问题十分严重。目前海河流域基本上已经到了"有水必污"的境地。始于 1994 年的淮河水污染治理，虽然十几年来获得国家数百亿元的投入，但由于流域内人口和产业发展的压力持续增加，水质一直未得到显著改善。即便在整体水质尚可的长江流域，局部地区的水污染问题也已相当突出。例如，长三角地区大批乡镇中小企业长期的偷排、乱排已造成当地水环境的严重恶化，引发水质型缺水问题；采选、冶炼、化工等企业遍布湘江流域，水环境已受到汞、镉等重金属的严重污染，湘江流域内 4000 万人口的饮用水安全受到威胁。

（2）对有毒有害污染物的监测和管理存在很大不足。当前的水环境管理主要关注一些常规的污染指标，如泥沙、化学需氧量（COD）、氨氮、总磷、总氮等。对于众多有毒有害物质（如重金属、农药等）的污染则缺乏系统的监测，管理上也缺乏明确的目标和切实可行的措施。更令人担忧的是，在科研工作中，一些具有三致（致畸、致癌、致突变）毒性的持久性有机污染物（如有机氯、多环芳烃、多氯联苯等）和具有内分泌干扰作用化学物质（如壬基酚等）在水环境中时有检出。2010 年初，国际绿色和平组织（Green Peace）调查了长江野生鱼类体内有毒有害物质（包括全氟辛烷磺酸、壬基酚和辛基酚、汞、铅和镉等），公布了题为《"毒"隐于江——长江鱼体内有毒有害物质调查》的报告，表明了对长江遭受有毒有害物质污染的高度担忧。这份民间组织提供的研究报告在国内各界引起了较大的反响（Green Peace，2008）。

（3）地下水污染问题已十分突出，但研究和管理工作却明显滞后。中国于"十一五"期间启动的"水体污染控制与治理科技重大专项（简称水专项）"是新中国成立以来投资最大的水污染治理科技项目，总经费概算三百多亿元。然而，"水专项"在"十一五"期间的项目基本上没有考虑地下水污染问题。中国的地下水污染问题已经引起了国际社会的关注。著名的 *Nature* 杂志第 466 期以"China Faces up to Groundwater Crisis（中国直面地下水危机）"为题专门报道了 2010 年 7 月在北京大学举办的国际地下水论坛。中国地质调查局的有关专家在本次论坛的发言中指出，中国已有 90% 的地下水都遭受了不同程度的污染，其中 60% 的污染严重（Qiu J.，2010）。关于地下水的问题，本章第三节还将有专门的阐述。

（4）水污染事故频繁发生，对地方经济和居民健康构成重大危害。仅 2001 年到 2004 年中国就发生水污染事故 3988 件。2005 年以来，因企业违法排污和事故引发的重大水污染事件接连发生。例如，2005 年 11 月，吉林双化公司双苯厂发生爆炸，造成松花江部分江段污染，沿江居民用水困难。2005 年 12 月，广东宜家企业超标排放含镉废水，导致下游 10 万人无法饮用北江水（中国科学院可持续发展战略研究组，2007）。"十一五"期间，水污染事故频发的势头并未得到有效遏制。最新的案例有：2010 年 7 月某知名矿业集团下属企业先后两次发生含铜酸性溶液渗漏，造成福建省汀江发生重大水污染事故。

综上所述，中国的水环境形势已十分严峻，必须全面推进水污染防治工作，保护有限的水资源，以免积重难返。

二　水污染防治的对策

中国当前的水污染局面受观念、制度、技术、资金等多方面因素的共同影响，改变这一局面需要实施系统工程。以下简要总结中国水污染防治的要点和总体思路。

（1）推进流域综合管理

中国的水环境不但受到传统点源污染（如工厂、污水处理厂的污水排放）的影响，也受到了流域面源污染（或称流域非点源污染，如农药、化肥受降雨径流冲刷后进入水体）的威胁。事实上，在点源污染得到有效控制的发达国家，流域面源污染已成为水环境损害的主导原因。随着中国经济的持续发展和环境治理能力的不断提升，面源污染问题必将日益突出。另外，近年来流域性水污染突发事件频发，淮河等重点流域上下游地区之间的环境纠纷不断，严重影响了社会和谐和区域经济发展。

流域面源污染问题、流域水环境纠纷问题，以及后续章节将述及的水生态问题的解决，均要求水环境管理从以单一水体为对象、以行政区划为边界的传统模式向流域综合管理模式转变。流域综合管理是指在流域尺度上，通过跨部门与跨行政区的协调管理，开发、利用和保护水、土、生物等资源，最大限度地适应自然规律，充分利用生态系统功能，实现流域的经济、社会和环境福利的最大化以及流域的可持续发展。流域综合管理目前已成为国际共识。欧盟、美国、加拿大、澳大利亚等发达国家的多年实践经验可为中国提供参考。流域综合管理的实现需要观念的更新、体制机制的改革、市场化手段的引入和技术的进步，这在下文中有进一步的阐述。

（2）进行水环境管理体制机制的改革

中国目前的水环境管理体制存在部门之间、中央与地方之间、流域管理与行政区管理之间的交叉与冲突，是导致水污染防治效果不佳的重要原因。

"多龙管水"是对中国水管理体制的形象比喻，意指水利、环保、建设、农业、国土资源等诸多部门根据国家相应法律要求，行使相应的水管理职责。在地表水水质问题上，水污染防治主管部门环境保护部和水资源主管部门水利部在责、权上存在交叉与冲突，部门间的沟通和协调存在不少障碍，影响了水环境管理的具体实施。造成这一问题根本在于现行的《水法》和《水污染防治法》中，在水质管理方面存在相互不协调的规定。这一问题的解决，首先需要对现行涉水法律进行完善，以明晰各相关部门的水管理职责；其次，需要进行体制的创新。例如，国家层面涉水大部制改革正日益受到理论界的关注。

根据《中华人民共和国环境保护法》，地方政府对辖区的环境质量负总责。然而，地方环境保护部门完全从属于地方政府，国家的环保政策、法规往往因地方保护主义而难以贯彻落实到位。国家原环境保护部虽然已经设立了6个区域性环保督查中心以加强环境保护监督执法力度，但由于环保督查中心在法律层面尚无清晰的定位，且与国家和地方的环境监查机构的关系尚未理顺，使得目前的督查中心难以有效解决地方保护主义的问题。为发挥环保督查中心应有的作用，必须进行立法、机构设置和运行机制等多方面的改革。

中国已建立起七大流域水资源保护局作为流域水环境管理的实施机构，流域污染防治领导小组、联席会议制度等流域水环境管理机制也已成形。2002 年修订的新《水法》从原则上确立了流域管理与行政区域管理相结合的水资源管理体系，明确了流域管理机构的法律定位和管理职责。然而，实际工作中流域水环境管理与地方行政管理依然存在很大的冲突。一方面，由于流域管理机构的职责和权威是中央授予的，缺乏对流域内各行政区利益的兼容，存在着地方对其权威的认同问题。另一方面，改革以来的分权化过程客观上强化了地方的水管理职能，水资源管理的职权几乎被行政区划分完毕，流域管理机构往往只能利用自身的优势在规划、调查、协调等方面发挥一定作用。此外，流域水资源保护局名义上受水利部和环保部的双重领导，但由于部门间协调的问题，环保局的领导地位名存实亡，这就进一步削弱了流域水资源保护局在跨行政区水环境管理上的能力。因此，深化流域水环境管理体制机制的改革是中国水污染防治工作的重要抓手。

（3）进一步发挥市场机制的作用

中国传统的城镇排水、污水处理单位长期依靠财政补贴，不能适应市场经济发展的需要，运营成本高、经营效率低。为充分发挥此类单位在水环境保护方面的作用，应深入推进排水和水处理行业的企业制度改革和经营机制转化，实现政企分离。通过引入市场竞争，使企业建立起有效的激励和约束机制，从而提高企业的管理水平和服务水平。

发挥价格杠杆的作用十分关键。应考虑尽快在全国城市全面征收污水处理费，并在合理定价、有效监管的原则下逐步提高污水处理费收取标准，以减少污水排放、促进节约用水及加快水污染的治理。污水处理费的合理提升有助于吸引社会资本参与污水处理设施的建设和运营，同时，还将促进城市再生水的利用。

中国的水环境保护需要巨额资金支持。2016 年，原环境保护部建设完成年度水污染防治行动计划中央项目储备库，项目总投资额超过 4300 亿元。2017 年，原环境保护部的年度水污染防治中央项目储备库涉及具体工程项目 3300 多个，总投资约 3000 亿元。然而从长远来看，单一依靠政府的财政投入将难以满足水污染防治的需要。应考虑建立政府、企业、社会的多元化投入机制，拓宽融资渠道，鼓励国内大型企业集团（包括民间资本）介入，鼓励产权多元化和投资多元化。此外，可以考虑借鉴发达国家发行市政债券投资城市环境基础设施建设的做法，进一步扩展融资渠道。

（4）建立水污染防治的科技保障体系

科学创新与技术进步为水污染防治工作提供关键支撑。中国已于"十一五"启动了"水体污染控制与治理科技重大专项"（简称"水专项"）。"水专项"立足于中国水污染控制和治理关键科技问题的解决与突破，遵循集中力量解决主要矛盾的原则，选择典型流域开展水污染控制与水环境保护的综合示范。"水专项"是新中国成立以来投资最大的水污染治理科技项目，总经费概算300多亿元。"十一五"期间，"水专项"突破了"控源减排"、城市污水处理厂提标改造和深度脱氮除磷、饮用水安全保障等关键技术，为主要污染物减排、城市水环境质量改善以及自来水厂达标改造和应对水污染突发事件提供了有力支撑。此外，"水专项"还研发了一批关键设备和成套装备，有力地推动了环保产业发展，并综合集成多项关键技术，为重点流域水环境质量改善奠定了基础。

"十二五"期间，"水专项"在钢铁、石化、造纸、精细化工等典型行业全过程污染控制，城市低影响开发、生活污水、污泥处理和资源化利用、城市内河污染控制，种养一体化农业废弃物循环利用、养殖业废弃物的源头减排和资源化利用、分散式农村生活污水处理等关键技术上实现了重大突破，为《水污染防治行动计划》（水十条）和"海绵城市建设"行动等国家重点计划的出台和实施提供了全方位支撑。目前已经进入"十三五"阶段，"水专项"已经向重点流域有关省（市）、水专项领导小组成员单位、牵头组织部门相关业务司局广泛征集了科技需求500余条，并深入到"三河三湖"重点流域调研。"十三五"期间的实施成效将会成为社会各界关注的焦点。

（5）加快发展循环经济，实现源头减污

随着中国经济的持续高速发展，单纯的污水治理已不能适应当前水环境保护的新形势。通过发展循环经济减少污水在生产和消费环节的产生已成为大势所趋。中国的《循环经济促进法》已于2009年1月1日起生效实施，为发展循环经济提供了法律保障。就水资源利用而言，就是要按照循环经济"减量化（Reducing）""再利用（Reusing）"和"再循环（Recycling）"的3R原则，在工、农业生产和城市生活消费的过程中尽可能地降低新水的使用量，减少废水的排放量，并提高水资源的产出率。

三 城乡饮用水安全保障

持续获得安全的饮用水是《联合国千年发展目标》的重要指标之一。据调查，中国有3亿多人饮水不安全，其中有1.9亿人饮用水有害物质含量超标。2016年《中国环境状况公报》显示，全国338个地级及以上城市897个在用集中式生活饮用水水源监测断面（点位）中，有811个全年均达标，占90.4%。其中地表水水源监测断面（点位）563个，有527个全年均达标，占93.6%，主要超标指标为总磷、硫酸盐和锰；地下水水源监测断面（点位）334个，有284个全年均达标，占85.0%，主要超标指标为锰、铁和氨氮。从过去十年的城市饮用水安全来看，虽然还有部分城市的水质不达标，但大多数城市的饮用水质取得了明显的改善。然而，农村饮用水安全依然存在很多问题，工业污水的排放、农业污染，以及农村生活用水对饮用水的污染，都给农村地区饮用水带来严重的影响。

威胁中国城乡饮用水安全的主要因素包括工业污染事件、水体富营养化、水传播病原微生物、自来水氯化消毒副产物（如卤代有机物），以及自然因素（例如，中国还有6300多万人饮用高氟水，200多万人饮用高砷水，3800多万人饮用苦咸水）等，其中人类活动造成的水污染是当前的最大威胁。中国大型城市的水源地因受水污染影响而一再搬迁，社会成本高昂，但依然无法跟上水污染的扩展速度。因此，水污染防治是保障中国居民饮用水安全的关键。而体制机制建设（软件）和基础设施建设（硬件）是饮用水安全保障工作的两大支点。

（1）完善饮用水安全保障的体制机制

目前中国城市饮用水水源地缺乏对风险因素的考虑，大中城市缺少备用水源，缺乏应对水源地污染的应急机制和应急预案，应对各种突发性污染事故的能力十分薄弱。因此，必须加强城市供水系统特别是饮用水源的安全保障、应急系统和应急机制的建设。在农村地区，水源保护区受到来自工矿企业、养殖业、旅游业和农业面源污染的多重威胁，亟须引入有效的饮用水源保护机制。中国部分地区已进行了一些相关的探索。例如，合肥市确保市民饮用水安全，实现了多水源联合调度，建立了安全高效的城市供水系统；广州市开展珠江西航道等饮用水源的保护，在珠江沿岸建生态公益林；北京市为了保护饮用水源地，建立了水资源保护补偿机制、水源地新农村投资机制，建设清洁小流域。

完善饮用水水质监督、监测体系是另外一项重要的工作。在城镇供水方面，应改变饮用水水质由供水企业自己检验的传统做法，建立独立的水质监管体系，对供水企业进行有效的监督和督查，实行信息向全社会公开，使企业受到用户的外在监督，从而确保供水企业的服务质量和效率。对于农村地区，则需要规范对农村饮用水源、供水水厂和用水点的水质监测，建立起饮用水安全监测体系和严格的监测制度，并定期公布水质监测情况。此外，还应建立和健全广泛参与的社会监督保障体系，对水务企业施行社会监督功能。

（2）完善基础设施

中国农村地区保障饮用水安全的基础设施仍十分落后。部分农村地区仍缺乏严格的水处理技术和方法，水处理设施简陋，饮水安全无保障。农村的污水则普遍缺乏有效的处理，这进一步加剧农村饮水安全问题的严重性。目前，农村供水排水设施的建设主要依靠国家部分专项的补助资金和农村集体经济以及农民自筹资金，尚缺乏稳定可靠的资金来源，极大制约了农村饮水工程的建设和运营。除了资金，自然条件和社会文化的特殊性也导致了农村饮用水保障基础设施建设的滞后，例如，农村居民分散居住，不利于基础设施的集中建设；农村居民短期内仍难以接受为给排水（尤其是排水）支付运营费用的理念，等等。

为完善农村饮用水保障基础设施，首先，需要进行合理的规划。对于离城镇较近的地区，可以通过延伸城镇已有供水管网来解决。对于离城镇较远且人口稠密的地区，可适度兴建跨村镇的集中供水工程。而对于居民点分散、水源规模较小的地区，则可考虑兴建单村集中供水工程。在部分符合条件的地区，还可以加快推广以雨水集蓄利用为重点的小型和微型蓄水工程建设。其次，政府在投资、组织和动员方面都应发挥主导作用。作为一项社会公益事业，农村饮用水安全保障的基础设施建设应得到中央和地方财政持续和稳定的支持。此外，各级政府还应积极动员和组织社会各界力量参与这项事业，充分拓展人力、物力的投入渠道。

在城市饮用水安全方面，基础设施建设的主要任务包括：首先，应加强城市供水管网的改造。城市供水部门应加快改造年久失修的供水和污水管网，减少管网污染。对于二次供水设施，应加强维护，确保居民家用水龙头出水达到饮用水水质标准。其次，对现有水厂进行技术升级和设备改造，确保出水水质达到国家标准。从长远来看，则要按照国际标准进行水厂的更新换代，充分保障城市的饮用水安全。

◇◇ 第三节　地下水：潜藏的危机

一　资源的过度开采

中国可更新地下淡水资源量多年平均为 8837 亿立方米，约占中国水资源总量的三分之一，其中可开采量多年平均为 3527 亿立方米。此外，全国地下微咸水（矿化度 1—3 克/升）和半咸水（矿化度 3—5 克/升）的多年平均资源量分别为 277 亿立方米和 121 亿立方米（统计数据来源：中国地质环境信息网）。地下水资源虽然数量上不及地表水资源，但具有分布广、水质好、不易受污染、供水保证程度高等特点，可因地制宜开发利用。

地下水不仅是保障中国城乡居民生活用水、支持社会经济发展的重要战略资源，同时在维持生态系统方面发挥着重要作用。目前，地下水约占中国总供水量的 20%，饮用水供水量的 70%，以及农田灌溉用水量的 40%。全国有 400 多个城市开采利用地下水，在城市用水总量中，地下水占 30%。在中国北方干旱、半干旱地区，地下水更是具有不可替代的作用，甚至在有些地方是唯一的供水水源。华北、西北城市利用地下水比例分别高达 72% 和 66%。

自 20 世纪 70 年代开始，中国地下水开采量开始快速攀升。20 世纪 70 年代地下水平均开采量为 572 亿立方米/年，80 年代达到 748 亿立方米/年，1999 年则为 1116 亿立方米/年。进入 21 世纪以来，中国地下水的年开采总量基本上处于一个稳定的水平，但过高的开采率（见图 1-8）已导致地下水资源的逐渐枯竭，并引发了一系列环境地质和生态问题。这些问题在地下水严重超采的华北平原地区（特别是河北、天津、北京三地，见图 1-8）表现得尤为尖锐。由地下水资源过度开采所引发的问题主要包括以下几方面。

（1）地下水水位持续下降

长期高强度的过量开采，使得华北平原区域地下水资源不能得

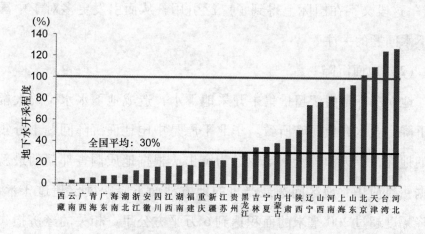

图 1-8　各省份的地下水开采程度（张宗祜、李烈荣，2004）

到及时补充,地下水水位持续下降,地下水降落漏斗(Cones of Depression)范围不断扩大。在问题最为严重的石家庄地区,1989年时漏斗中心水位埋深约为36米,1999年时已发展到40米左右,并形成了区域性的水位下降。位于石家庄和邢台交界区域的宁柏隆地下水降落漏斗,中心水位埋深已达到65.37米,面积约为3702平方公里。1995年以来该漏斗中心水位以4.872米/年的速度下降,面积扩展速率为254.2平方公里/年。由于地下水水位大幅度下降,每年有几千眼机井报废(刘晓璐,2009)。

华北平原地下水位惊人的降速甚至引起了国际上的关注。2007年9月28日的《纽约时报》就以"Beneath Booming Cities, China's Future is Drying up"为题报道了石家庄地区地下水超采问题。原文描述道:"这座超过200万人口的省会城市(石家庄)的主要水源来自地下几百英尺,而该水源正在逐渐干涸。大约每年4英尺的地下水位沉降速度,使得当地三分之二的地下水已经被城市饮水井排干。"这段文字在国际上得到了广泛引用,从而引发更多对于中国地下水问题的关注。

(2)地面沉降

地面沉降是由于超量集中开采地下水,造成地下水水位的大幅度下降,含水介质压密所致。华北平原是中国地面沉降问题十分集中的地区,以天津、沧州等地最为突出。根据地质调查部门的最新数据,目前华北地区问题最严重的地方地面下降幅度已超过3米,下降幅度超过200毫米的面积达到6万平方公里,相关的经济损失估计超过3000亿元人民币。

地面沉降问题在水资源相对丰富的长江三角洲也十分突出。苏锡常地区的地面沉降始于 20 世纪 60 年代至 80 年代中期,地面沉降大于 200 毫米的区域仍主要分布在苏州、无锡、常州三个中心城市区。20 世纪 80 年代后期,随着外围乡镇地下水开采量的增加,区域水位降落漏斗开始形成。20 世纪 90 年代以来,地下水开采量开始猛增,地面沉降漏斗向外扩展的速度增大,大于 200 毫米的地面沉降区已达到 5000 平方公里以上。至 2004 年,苏锡常地区地面沉降量大于 200 毫米的等值线已将 3 个中心城市包围(赵文涛、李亮,2009)。据估计,苏锡常地区地面沉降导致的直接经济损失超过千亿元人民币。

(3)海水入侵

海水入侵主要是由于大量开采地下水以后,引起海水回灌地下含水层。海水入侵导致地下淡水水质咸化,使大量地下水开采井报废,严重影响居民生活、农业灌溉和工业生产的供水。地下水水质咸化还将引起土壤盐碱化、生态系统退化等问题。如果咸化的海水入侵地区的地下水长期作为饮用水源,还存在甲状腺肿大、氟斑牙等地方病流行的风险。

目前,中国发生海水入侵的城市有十几座,沿海岸从北到南,主要有大连市、营口市、葫芦岛市、秦皇岛市、莱州市、龙口市、蓬莱市、烟台市、威海市、青岛市、日照市、宁波市、温州市、湛江市及北海市等。这些城市海水入侵面积总计超过 900 平方公里(黄磊、郭占荣,2008)。

(4)生态系统退化

地下水资源不但维系着社会经济的发展,也维系着自然生态系统的稳定。在中国的干旱地区，地下水水位的下降使得地表植被无法汲取足够的水分从而导致生态系统的退化。20 世纪末，塔里木河下游由于长时间断流，地下水得不到足够补给而持续下降，导致河岸带胡杨林大量枯死。2000 年后，国家斥巨资进行了塔里木河流域的生态修复工程，通过向下游调水使得下游河道附近地下水位有所回升，河岸带植被方逐渐得以恢复。

类似的情形也发生在石羊河流域下游的民勤县（甘肃省西北部）。不合理的水资源开发利用导致地下水位快速下降，由此引起土地荒漠化，绿洲面积不断缩小。时任总理温家宝曾在 2001 年批示"决不能让民勤成为第二个罗布泊"。这些年来，在总理的关心下，民勤县治沙保绿洲的抗争一直在进行，而水资源（尤其是地下水资源）的合理开发和有效保护始终是工作的核心。

令人担忧的是，虽然地下水资源过度开发所造成的问题已被人们所认识，但在许多地区，超采地下水的现象依然普遍存在，在某些情况下甚至演化成"公地悲剧"——如果我不采，别人也会采，所以不采白不采。这一局面的形成有很多深层次的原因，其中水权不明晰是十分关键的一点。国家拥有水资源所有权，但地方政府是事实上的水权所有者，即法定所有权主体与事实所有权主体存在不一致，从而埋下地方保护主义的隐患。同时，现行法律法规对水资源使用权、收益权等他项水权的权利主体、权限范围和获取条件等都没有具体明确的界定，从而降低了水权的排他性和行使效率，极易引起各地区、各部门在水资源开发利用方面的冲突。

除了水权问题外，水资源配置和监管能力的落后也是重要原因。水行政主管部门常常会因技术、资金等客观条件的限制而难以保证取水权在不同行业、不同申请者之间的高效配置。同时，由于缺少合理监管体制和高效的监管技术，现行的取水许可制度往往难以充分落实，这一点对便于就地开发利用的地下水资源而言表现得尤为突出。

二　地下水污染

如前所述，中国的水污染问题已十分严重，但目前对此的认识还主要集中在地表水方面。事实上，由于地表水和地下水之间密切的水力联系，地下水（尤其是浅层地下水）同样受到了严重的污染。污染严重区主要分布在大城市的中心地带、城镇周边、排污河道两侧、地表污染水体分布区以及污水灌溉的农田地区。目前全国大中城市浅层地下水不同程度地遭受污染，其中约一半的城市市区地下水污染较严重，由此造成的缺水城市和地区日益增多。地下水污染检出的组分也越来越多，越来越复杂；同时，污染正呈现向面状扩散，向深层渗透，以及向城市周边蔓延的不良趋势，应引起高度的重视。

地下水污染加剧了中国水资源的供需矛盾，并对城乡饮用水安全构成严重威胁。地下水污染对于中国社会经济的可持续发展而言，是一个潜藏的巨大危机，是一个迟早需要正视的挑战。不管是环保部门还是国土部门，目前对于中国地下水污染状况的把握还局限于重点区域（主要是城市地区）的点上信息，缺乏整体性的认识，尤其缺乏广大农村地区地下水污染的信息。

为应对这一挑战，有许多准备工作有待完成：首先，应加大宣传教育的力度，让社会各界都充分认识地下水污染的危害性、严重性和防治的必要性；其次，要进行地下水环境管理体制机制的创新，充分保障地下水污染的防治工作的顺利推进；再次，要进一步增强中国地下水污染监测和科学研究的能力，以便能更加准确地把握中国地下水污染的现状和演变规律。然后，还应加快研发先进、适用的地下水污染防治和环境修复技术，并进行试点和逐步推广应用。

◇ 第四节　生态与气候：扩大的视角

一　水资源与水生态

河流、湖泊与湿地等陆地水生态系统的健康不但关系到整个地球系统的平衡，也直接关系到人类社会的福祉。"生态系统服务"（Ecosystem Services）的概念在发达国家已被普遍接受。"生态系统服务"是指人类从生态系统中获得的效益，包括供给服务（直接获取产品，如食物、基因资源等）、调节服务（如气候调节、水质净化、水土保持等）、文化服务（如休闲娱乐、美学、宗教等）和支持服务（支撑生态系统其他服务的形成，如土壤形成、营养循环等）。有研究显示（Costanza R. et al.，1997），陆地水生态系统虽然面积只占到世界总面积的 1%，其生态系统服务价值可达到 6.6 万亿美元/年，接近全球生态系统服务总价值的 1/5。因此，在发达国家，与生态系统分享水资源早已成为社会的共识和水资源开发利用的行动准则。

中国长期受传统治水思想的影响，对生态系统的服务功能缺乏正确和全面的认识，强调与生态系统争水，忽视水环境保护，导致中国水生态从 20 世纪中期就开始不断遭受严重破坏。中国的水生态问题多种多样，除了由富营养化和污染事故引发的大量"死鱼事件"外，主要的水生态问题还包括水生物种消失、河道断流、入海水量减少、湿地退化，等等。

目前中国陆地水生物种的消失状况尚缺乏全面的评估，但许多文献都记录了水生生物物种减少或消失的情况。许多珍稀物种濒临灭绝或已经灭绝。20 世纪 50 年代，长江及邻近水域尚有数以万计的白鳍豚。在 1999 年调查之时，发现长江只遗下 13 条白鳍豚。2007 年 8 月，皇家学会期刊 *Biology Letters* 公布考察结果，认为白鳍豚已经功能性灭绝。目前长江中江豚的数量也在急剧减少，面临着步白鳍豚后尘的危险。此外，一些经济鱼类，如长江流域的鲥鱼、银鱼，黄河流域的黄河鲤鱼、黑龙江流域的大马哈鱼等种群数量也急剧下降。

许多河流中上游地区水资源的过度开发已导致其下游河湖的干涸和入海流量的大幅下降。黄河下游利津站在 1972—1999 年的 28 年间共断流 21 次，1997 年断流时间累计达到 226 天。辽河已经变成了一条季节性河流，入海水量已由 20 世纪 80 年代的年均 50 亿立方米下降为现在的 30 亿立方米。海河流域主要平原天然河流 65% 的河道已经干涸。长时间的断流对河道内水生态系统造成毁灭性破坏，同时导致河道萎缩。河道断流破坏了地表和地下水的水力联系，则有可能会引发更大范围的生态系统退化，塔里木河下游断流导致大面积胡杨林的死亡就是典型的例子。此外，入海流量的显著减少还严重威胁到河口区的水生态健康。

湿地被喻为"地球之肾"，在涵养水源、调蓄洪水、净化水质等方面发挥着巨大作用。湿地也是生物多样性保护的关键地区，约有 1/3 的濒危或受保护物种只生存于湿地中，近 1/2 的物种会在它们生命周期的某个阶段依赖湿地生存。在资源利用、土地开发、农业生产和防洪等利益驱使下，中国的湿地面积呈快速下降趋势。华北平原历史上大片洼淀湖泊几乎消失殆尽，白洋淀等 12 个主要平原湿地水面积相比 20 世纪 50 年代减少了 80%。新中国成立以来，长江中下游地区有 1/3 的湖泊被围垦，围垦总面积相当于中国五大淡水湖现有总面积的 1.3 倍，减少蓄水容量 500 亿立方米。

中国的水生态问题已发展成为一个全国性的问题，在国际上也已引起了广泛的关注。2009 年 10 月著名的 *Science* 杂志以"China: Scientists Line up against Dam that Would Alter Protected Wetlands"为题，报道了近年来国内关于鄱阳湖筑坝问题的争议（Jiao L.，2009）。支持建坝者希望能在距长江 27 公里，横跨鄱阳湖的北端建起一座大坝，切断鄱阳湖和长江的天然水力联系，达到平稳水位、改善水质和保护鸟类栖息地的目的。而许多科学家则反对这一观点，认为鄱阳湖水利枢纽工程将会致使湿地植被发生根本改变，食物链遭受破坏，对候鸟的栖息和觅食产生极大的负面影响。他们还担心筑坝会对江豚的洄游以及鄱阳湖的水质和蓄洪能力产生负面影响。鄱阳湖筑坝问题的争议尚无定论，但争议本身已折射出中国水生态所面临的危机。

水生态退化兼受人为和自然因素的影响，成因复杂。其中，对于水资源不合理的开发和利用，片面强调水生态系统的供给服务，忽视其调节服务、支持服务和文化服务是主要原因。资源过度开发利用和大量水利工程的兴修是主要的表现。

如前所述，中国北方地区的水资源开发利用率已全面超过国际上公认的40%警戒线，海河流域甚至突破了100%。这种对于淡水资源"吃干喝净"的利用方式直接导致了河道断流、湿地退化等一系列问题。此外，中国长期采取粗放式、掠夺式的捕捞方式严重破坏了水生生物链。而过度的养殖的问题在许多地区也十分突出，加剧了富营养化问题。

水利工程的兴修虽然对国民经济的发展起到了十分关键的作用，但同时也会对水生态系统的功能和服务造成难以逆转的损害。例如，闸坝和水库的修建会改变河湖形态变化，降低水体行蓄洪能力，降低水体自净能力，加剧水污染，阻断鱼类洄游通道，造成生物多样性退化，等等。新中国成立以来，中国以前所未有的速度和规模开发利用和改造河流。截至2014年，中国已有水库97735座，其中大型水库601座，中型水库3310座（《中国水资源公报》，2014）。中国水利工程管理往往没有将河流与湖泊作为一个完整的水生态系统来管理，较少服务于生态目标，更多的是为防洪、灌溉与发电服务。目前虽然尚缺乏关于中国水利工程对水生态影响的全面评价，但部分水利工程导致水质污染、生物多样性减少、湿地退化的事实已十分明确。

水生态保护是一项系统工程，主要措施可包括防治水污染、环境流量管理、湿地保护和修复、水生物种保护，等等。前文已对水污染防治做了介绍，以下简要介绍环境流量管理，以及湿地保护和修复。

（1）环境流量管理

在流量受到人为调控的河流、湿地等水体，需要保留（或补充）一部分流量以满足水体生态系统的基本需要、维持其生态系统效益，这部分流量就是环境流量（Environmental Flows）。环境流量是通过环境、社会、经济的评估最终分配给生态系统的流量，其意义在于平衡各种用水需求并保持水生态系统的基本健康。保障环境流量并不仅仅是确保"最小流量"，更重要的是要保持或恢复河流的自然流态，包括洪水等高流量的水文条件。

发达国家对于环境流量的保障十分重视。《瑞士水保护法》中对维持河流的最小流量有定量的、可实际操作的规定。为了保护美国 Platte 河流域的湿地生境和珍稀物种，科罗拉多州、怀俄明州和内布拉斯加州及美国内务部经过十几年的司法争论和协商，最终于 1997 年达成了关于湿地保护的共识，制订了分阶段恢复环境流量的实施计划。1996 年，美国内政部还在科罗拉多大峡谷人为制造了一次洪水，通过这次人工洪水，成功形成了 50 个大的河滩，恢复了隆背白鲑珍稀物种的栖息地和洄游通道（中国科学院可持续发展战略研究组，2007）。

中国也有一些类似的尝试。20世纪末，黄河水利委员会落实了国务院早在1987年颁布的黄河分水方案，强化了水量在流域内的统一调度管理，监督流域各省、直辖市、自治区进行有序引水和规范用水。2000年后黄河再未出现断流。2002年开始，黄河连续进行了调水调沙试验，人为制造洪峰，排泄小浪底水库泥沙，冲刷黄河下游河道泥沙，从而增加了黄河三角洲湿地面积，并在一定程度上恢复了湿地生态系统（中国科学院可持续发展战略研究组，2007）。

环境流量管理作为一种先进的理念已被国内所接受，但其推广进程依然十分缓慢，这本质上体现了经济发展与生态环境保护之间的矛盾。现有的实践大多也都是传统的治水、治沙工作的扩展，真正以水生态保护为导向的管理实践还十分缺乏。此外，如何科学地确定中国河流的环境流量，依然是一个有待深入研究的问题。

（2）湿地保护和修复

中国在湿地保护方面已取得了显著进展，对国内水生态系统健康的维护起到了积极的作用。保护区建设是湿地保护的主要形式之一。根据《全国自然保护区名录》，截至2015年12月，中国已建立自然保护区2869个，内陆湿地保护区350个，其中国家级的保护区35个。中国在保护湿地的同时，也注重发挥湿地生态系统多样化的服务功能，例如，尝试进行了国家湿地公园的建设。

对于已经遭受破坏的湿地生态系统，则需要采用更加主动的修复手段。近年来，中国实施了许多湿地生态补水的工程。为修复因塔里木河断流而引起的下游地区的退化湿地，从2000年开始，水利部分多次从博斯腾湖调水进入塔里木河下游，其中有两次将水调入了尾闾台特玛湖。该调水工程使河道两岸植被得到恢复，地下水位得到了回升，台特玛湖最大形成了28.4平方公里的湖面。2001年2月，国家批准了《黑河流域近期治理规划》，力图扭转黑河流域下游生态环境不断恶化的局面，并让干涸的东居延海重现碧波。通过黑河分水，2002年东居延海首次恢复进水；2006年10月，东居延海水域面积达38.6平方公里，为20世纪50年代后期有记录以来面积最大的一次。黑河调水的成功实施，使得下游地区地下水位开始回升，河道沿岸大批濒临枯死的胡杨、怪柳得到了抢救性保护，草场退化趋势得到遏制。其他的湿地生态补水案例还包括扎龙湿地生态补水、南四湖生态应急补水、"引岳济淀"生态应急补水（从河北岳城水库向白洋淀调水）、南大港水库湿地生态应急补水，等等。

数据显示，中国湿地总面积在2003年到2013年的十年间减少了339.63万公顷，减少率达到8.82%。可见，中国在湿地保护和修复方面依然任重道远。虽然中国湿地保护区的数目一直在增加，但保护区的保护措施还有待加强落实，以免流于虚名。在已有的湿地生态补水案例当中，多数还是一种应急性的工程措施，尚缺乏系统的规划和长期、有序的实施。这些问题都有待进一步解决。

水生态问题是中国水资源问题的重要方面，呈现出普遍性、综合性和长期性的特点。单一和局部的措施均不足以解决水生态退化问题。对于未来工作的主要建议包括以下方面。

在机制和政策保障方面，重点是在已有法律框架之下，完善规划、监管和激励等措施。应将维持良好的水生态状况作为涉水部门与流域管理机构的核心工作目标和考核指标，并加强机构能力建设；在国家相关产业政策和规划以及流域综合规划中增加或强化水生态保护和修复的内容；鼓励并引导地方政府、水电企业及其他利益相关方对水生态保护和修复进行投入；建立水生态保护的补偿机制；加强水生态状况的监测。

在水利工程管理方面，重点是要考虑环境流量。对于已有的水利工程，应评估其对水生态的影响，并在此基础上进行水资源的生态调度；对于新建的水利工程，应进行严格的环境影响评价，并营造一个公开、公正、透明、科学的决策过程；对于使用价值和经济效益低下的小型水利工程，应有计划地进行永久开闸、部分拆除或全部拆除，以恢复河流、湖泊等水体的自然水流状态。

在修复工程实施方面，应首先在国家层面确立水生态保护的总体目标，然后分部门、分流域完成修复规划和工程设计，明确优先领域、优先区域和优先工程，最后进行分部门、分地区的实施。

二　气候变化与水资源

本章前面各部分反复强调了人为活动对水资源的影响。事实上，全球气候变化也对水资源产生显著影响。人为活动和气候变化因素的叠加，导致了水资源演变规律的复杂性和不确定性，使水资源管理面临更大的挑战。

联合国政府间气候变化专门委员会（IPCC）第四次评估报告指出，近百年（1906—2005 年）地球表面平均气温上升了 0.74℃，近

50 年（1956—2005 年）气温平均上升速率为每 10 年 0.13℃，1996—2006 年是有温度记录以来（截至 2006 年）最暖的 10 个年份。全球气候变暖的证据已相当充分。由于气温上升，整个地球系统表现出明显的变化，如冰川退化、海平面升高、降水空间分布改变、极端天气事件增加等，这些变化均深刻影响着全球的水资源（IPCC，2007）。

中国近百年来的气候变化呈现出与全球气候变化相同的趋势，甚至更加剧烈。从 1909 年至 2011 年，中国陆地区域平均增温 0.9—1.5 摄氏度；近 15 年处于近百年来气温最高的阶段（第三次气候变化国家报告，2015）。总体而言，中国冬季气温的上升速度（0.04℃/年）要大于夏季气温的上升速度（0.01℃/年），而北方的升温速度要大于南方的升温速度（Piao S. et al.，2010）。以下简要介绍气候变化对中国的水循环过程和水资源的影响。

（1）气候变化对中国降水的影响

近百年来，中国年平均降水量仅有微小下降，并无明显趋势。20 世纪初、30—40 年代、80—90 年代属降水偏多的时期，其余年代则为降水偏少时期，总体呈现动荡模式。若以 1956—2002 年降水量分析，降水量则呈现小幅增加趋势（任国玉等，2005）。

降水量的季节分配则呈现较为明显的变化。近百年来中国秋季降水减少 27.3 毫米，春季降水增加 20.6 毫米（中国多年平均年降水量 648 毫米），夏冬季节则变化不明显。降水量变化也因地域而异。近 50 年来中国东北东部、华北中南部、四川盆地、青藏高原部分地区呈现出不同程度的下降趋势，而其余地区则呈现出不同程度的增加趋势（气候变化国家评估报告，2007）。

（2）气候变化对中国极端天气和水旱灾害的影响

总体而言，近50年来中国极端降水值及其平均强度均呈现逐渐增加趋势，但变化规律存在显著的地域差异：华北地区极端降水值和平均强度都有减弱的趋势，强降水的频次也逐渐减少；长江及以南的地区极端降水值和平均强度都有增加的趋势，强降水的频次也逐渐增多；西北地区极端降水值和平均强度都没有显著变化，但强降水的频次逐渐增多。1957—1996年，台风给中国带来的降水量显著减少；20世纪80年代后期以来登陆中国的台风数量也明显减少（气候变化国家评估报告，2007）。

20世纪中国气候总体有变干的趋势，但也存在显著的地域差异。长江、淮河流域降水增加，洪涝加剧；而黄河流域的干旱逐渐加剧。近20年来，中国干旱缺水地区逐渐向西南方向蔓延，2009年至2010年中国西南地区的大旱就是一个具体表现。另外，干旱地区也有洪涝灾害增发的趋势，如2003年黄河发生较大洪水。南方湿润地区的洪涝灾害更是频繁发生，长江、珠江等南方河流均发生过多次大洪水（气候变化国家评估报告，2007）。旱灾和洪灾的变化趋势相当一部分要归因于气候变化的影响。

（3）气候变化对中国水资源影响的观测事实

中国水资源在最近几十年里发生了显著的变化。数据显示，近40年来，长江、珠江、松花江、海河、淮河5条主要河流径流量的10年递减率分别为1.24%（根据宜昌、汉口数据平均数）、0.96%、1.65%、36.64%和26.95%（气候变化国家评估报告，

2007）。这是人为和气候因素相互叠加的效果。但有研究认为，即使在受人为影响巨大的黄河流域，径流的变化主要影响因素也是气候变化。从地表、地下水资源总量来看，珠江流域、松花江流域总体呈上升趋势，其他流域均呈下降趋势，下降幅度最大的海河 10 年递减率为 22.5%—23.4%（气候变化国家评估报告，2007）。

20 世纪以来气候变化对冰川的影响逐渐显现，冰川退缩的速度加快，中国西部山区冰川面积减少了 21%（气候变化国家评估报告，2007）。冰川融化速度加快可以增加当地地表径流量，但也可能带来洪水频率的增加，并且长期来看这种变化是有害的。

（4）气候变化对水资源供需矛盾的影响

气候变化会对水资源的需求产生重要影响，尤其是对农业需水的影响。农业灌溉需水量取决于蒸发量与降水量的差，而蒸发量受气温等气候因素的影响。在中国中纬度地区，在降水不变的条件下气温每升高 1℃，农业需水量将增加 6%—10%（气候变化国家评估报告，2007）。另外，根据 IPCC 的相关报告预测，未来中国总体地表径流呈上升趋势（7.5%—9.7%，至 2100 年）。根据现有的信息，未来气候变化究竟是加剧中国水资源矛盾还是缓解这一矛盾，目前仍难给出确定答案。对于这一问题的解答，将有赖于气候观测数据的进一步补充和气候数学模型模拟精度的进一步提高。

气候变化已成为一个全球性的议题。应对气候变化的措施包括适应性措施及主动性措施。就水资源而言，适应性措施即通过水资源开发、利用和保护方式的革新，缓解水资源供需矛盾，保持水生态健康，这在前文已经做了充分的论述。然而，作为被动的"防御"手段，适应性措施是否足以抵消气候变化可能带来的负面影响仍存在很大疑问。尽管国际社会对于未来气候的走向以及气候变化的成因仍存在很多的争论，采取主动性措施以减缓气候变化速度已经成为一项基本共识。其中，温室气体减排被视为最核心的主动性措施。当然，温室气体减排涉及政治、外交、经济、科学、文化等多方面的问题，其顺利实施仍有待世界各国共同付出智慧和政治努力。对此，本章不再展开叙述。

第二章

中国水资源管理体制、政策与制度回顾

中国是一个历史悠久的农业大国，水资源在几千年的历史长河中伴随着炎黄子孙繁衍生息，治水大业亦很早就进入了历史朝代的行政管理范畴之内，很多水利工程堪称世界历史上治水用水的里程碑，至今得以沿用。新中国成立以来，特别是改革开放以来，随着经济发展和生活水平的快速提高，现有的水资源及已建成的水利设施已经不能满足社会的需要。究其原因：供给方面，由于中国水资源分布不均匀，部分地区天然缺水，加之降水等自然因素的催化，使局部地区水资源总量严重匮乏，而且随着科技水平的提高，农业、工业制造业以及日益发达的第三产业给水资源带来严重的污染，使日益短缺的淡水资源出现水质型缺水，水资源总体呈现质与量的同时退化；需求方面，三次产业的飞速发展对水资源质与量的消耗不断增加，生态环境用水也被越来越多的人重视。这种情况使中国目前处于供需缺口极大的水资源危机之中。

中国一直在水治理方面进行着积极的投入与建设。从新中国成立至 1980 年，中国斥资 800 亿元整修、新修水利工程设施，建成大型水闸 241 座，建成大、中小型水库 56000 万座，塘坝 640 万处，总库容量达 4000 亿立方米；建设万亩以上灌区 5000 多处；机电排灌动力由解放初的 9 万多马力发展到 7000 多万马力；机电井从零开始发展到 209 万眼；水利结合发电装机 900 万千瓦（《中国百科年鉴》，1981）。为了进一步保护水资源、满足生产需求，中国在 20 世纪后 20 年的时间里，持续大幅度增加水利投资。2001 年，中国单年水利投资总额达到 560 亿元（《2001 年国民经济和社会发展统计公报》）。2016 年，这一数据更是扩大到 6099.6 亿元，其中，江河湖泊治理、水库及枢纽工程建设、水资源配置工程建设等方面都达到了千亿元级投资，农村水利建设、农村水电建设和水土流失治理等方面也达到了百亿元级投资（《全国水利发展统计公报》，2016）。

　　尽管政府部门投入了巨大的人力和财力对水利基础设施进行维护与建设，但由于气温升高、地质变动、水域干涸、破坏植被过度、工业废水处理不合格、人口增加等多方面的自然或人为的原因，水资源供需缺口依然存在。水利建设的过程中反映出的问题是水利工程永远落后于生产生活的需求。而且，大多数已建成水利设施的利用效率难以达到令人满意的程度。显然，单纯从工程建设的角度不能解决水资源问题。合理的水资源管理体制、制度和政策法规是水利工程更高效地发挥作用的保障，也是政府部门在水资源管理方面进行有效统筹的基础。水资源问题必须在法律、政策、制度与工程建设的有机结合下才能得到根本的解决。

◇ 第一节　水资源管理体制

水资源管理体制是国家就水资源管理主体在与水资源相关的社会生活、社会事务和社会关系中的地位作用、相互关系及运行方式而制定的一系列富有约束力的规则和程序性安排，其目的在于整合社会资源协同解决与水资源相关的问题，并在此过程中，规范社会运行维护社会秩序。新中国成立初期，中国水利方面的管理体制相对混乱，一方面缺乏法律层面的支撑，另一方面在基层工作中难以实施。改革开放以来，中国的经济体制由计划经济转型为社会主义市场经济，水资源的行政管理部门面对的不再是单一的国有企业和近似于国有企业的人民公社，而是多元化的所有制主体。为了应对这种变化，必须加快水资源管理体制的改革，并且通过立法稳定新的管理体制。

1988 年 1 月，由第六届全国人民代表大会常务委员会第二十四次会议通过《中华人民共和国水法》（简称《水法》），并于当年 7 月 1 日起施行。该《水法》的通过，标志着中国水资源管理正式走上了法制化的道路。1988 年《水法》规定：国家对水资源实行统一管理与分级、分部门管理相结合的制度；国务院水行政主管部门负责全国水资源的统一管理工作；国务院其他有关部门按照国务院规定的职责分工，协同国务院水行政主管部门，负责有关的水资源管理工作；县级以上地方人民政府水行政主管部门和其他有关部门，按照同级人民政府规定的职责分工，负责有关的水资源管理工作。自此，中国第一次在法律层面明确了水资源管理的体制。

水资源管理体制是中国政府管理水资源的组织体系和权限划分的基本制度，该体制的完善有利于实现水资源保护、水污染防治和水资源可持续利用的战略目标。进入21世纪，水资源管理中暴露出很多新时期特有的问题，管理体制的改革需求刻不容缓。2002年8月，第九届全国人民代表大会常务委员会第二十九次会议对《水法》进行修订（简称新《水法》），于2002年10月1日起施行。新《水法》规定：国家对水资源实行流域管理与行政区域管理相结合的管理体制；国务院水行政主管部门负责全国水资源的统一管理和监督工作；国务院水行政主管部门在国家确定的重要江河、湖泊设立的流域管理机构（以下简称流域管理机构），在所管辖的范围内行使法律、行政法规规定的和国务院水行政主管部门授予的水资源管理和监督职责；县级以上地方人民政府水行政主管部门按照规定的权限，负责本行政区域内水资源的统一管理和监督工作。

从新老《水法》对管理体制的描述对比中不难发现，新《水法》增加了流域管理与行政区域管理相结合的方式，要求水行政主管部门在统一管理的同时担负起监督的任务，并在重要江河、湖泊增设流域管理机构。水资源管理中涉及的水是以流域为水文地质单元构成的，这些水资源通过地表水与地下水的相互转换以及上下游之间的相互关联，构成复杂的水资源网络。只有根据水文特征开发和管理水资源，得到的结果才可能是有效的。而在新《水法》之前，中国的水资源管理主要按行政区域划分，流域管理部门与区域行政部门之间常常发生管理权责混乱和利益冲突的问题，严重影响水资源管理工作的效率。

水资源管理工作除了流域管理与区域管理之间的矛盾外，还存在区域内部部门之间的水务管理职能与权力模糊。十五届五中全会提出"改革水的管理体制"，在会议精神指引下，以区域涉水行政事务统一管理为标志的水务管理体制改革取得重要进展。为进一步推进和深化水务管理体制改革，水利部于 2005 年制定《深化水务管理体制改革指导意见》。该指导意见实现了水资源管理工作从农村水利向城乡一体化水务的转变，直接管理向间接管理的转变，单纯的政府建设管理向政府主导、社会筹资、市场运行、企业开发的转变，还实现了从过去只注重工程技术人才向技术、管理、经营人才并重的转变。《深化水务管理体制改革指导意见》的制定，使中国水资源管理体制充分适应当前工作的新格局和新问题。

"十五"时期以来，中国内陆河湖也陷入污染极其严重的境地，大量的淡水湖水量萎缩，原来清洁的河流和湖泊变成黑臭水体和富营养化水体。为进一步加强河湖管理保护工作，落实水资源属地责任，健全水资源管理长效机制，中共中央办公厅、国务院办公厅于 2016 年印发了《关于全面推行河长制的意见》（后简称《意见》）。《意见》指出：未来两年之内，中国将全面建立"河长制"，要求党政一把手管理河湖，在管理过程中坚持问题导向、因河施策。《意见》还强调："河长制"必须强调社会参与和共同保护，把部门联防与区域共治有机结合起来，并且明确岸线有界、不得围湖。"河长制"是水资源问题综合防治的长效机制，必须管住排污口，抓住重点生态保护区，为加强水资源与河湖水域岸线管理保护、水污染防治、水环境治理、水生态修复等一系列工作提供强有力的保障，落实水资源管理中对执法工作的严格监督。《意见》提出，到 2018 年底前全面建立河长制。目前，北京、天津、江苏、浙江、安徽、福建、江西、海南 8 省份已全境推行"河长制"，16 个省份部分实行"河长制"。

在水利管理工作的一系列改革中，尤以水资源管理体制改革任重道远。在党的统一部署下，当前的改革工作已经取得一定成就。未来，水资源管理体制改革必然不能停止脚步，越来越复杂的水资源问题等待着政府部门去解决。我们需要设计更多更灵活的政策和制度来配合和实现体制的改革，为新中国新时期的治水大业提供充分的软件支撑。

◇ 第二节 水资源政策与法律建设

一 水资源管理政策

中国是一个水旱灾害多发性国家，特别是由于自然条件的差异，南北方地区呈现截然不同的水旱灾害特征。南方地区频发的水灾和北方地区频发的旱灾都不利于经济的发展，而且为社会带来诸多问题。1949 年 11 月，新中国第一次全国水利工作会议在北京召开，提出了"防止水患，兴修水利"的水利建设方针，并要求依照国家经济建设计划和人民的需要，根据不同的情况和人力、物力、财力、技术条件，有计划、有步骤地恢复发展防洪、灌溉、排水等多项水利事业。因此，在新中国成立初期到改革开放的近30年时间里，中国开展的大规模水利基础设施建设，主要力量都集中于兴建防洪灌溉基础设施。这一阶段的水利投资增长速度较快，为中国水利设施的建设奠定了基础。但由于建设强度过高、规划不合理、技术条件有限，这些水利工程设施质量普遍不高。而且，这个时期的水利工作重工程建设、轻工程管理，建设方式相对粗放。

改革开放初始阶段，由于"文革"十年给整个社会带来严重破坏，国家在很多领域都必须恢复重建，水利工作的思路也发生了调整。另外，当时社会各界普遍认为大规模的水利投资见效甚微，对水利工程产生了怀疑的态度。由于这些因素，中央政府在20世纪80年代削减水利投资，水利建设的脚步明显放缓，水利发展远远低于同期的经济发展。同时，随着生产生活对用水需求的迅速增加，加之生态环境恶化还未受到关注，水利发展与生产生活安全性需求之间的差距越来越大。这种供需缺口也为经济社会的发展造成了阻碍。1987年，矛盾已经非常明显，国家不得不恢复对水利工作的重视，尤其是在农田水利方面。1987年赵紫阳同志在《中国共产党第十三次全国代表大会报告》中指出："在深化农村改革的同时，国家、集体和农民个人都应当增加农业投入，地方财力要更多地用于农业，以加强农田水利基本建设，防治水旱灾害，改善农业的基础条件农田水利的建设，不仅可以有效地治理水灾，而且可以提高农田的灌溉效率，增加农业的产出。"

1988 年《水法》实施之后，结合中共十三大的会议精神，水利投资、水利建设、水资源管理法制建设等一系列相关工作齐头并进，供水能力和水电发电能力都得到快速发展，经济发展也因此得到了更好的保障。但是由于水利建设整体步伐仍然较为缓慢，积累的历史问题太多，导致各种水问题在 20 世纪 90 年代后期集中爆发。水旱灾害增加、水资源短缺严重、农村饮水不安全、水生态环境加速恶化等现象与日俱增，长江洪水、黄河断流和淮河污染等标志性事件的发生，表明中国已经面临全面的"水危机"。

进入 21 世纪，为了应对日益严峻的"水危机"，中国水利建设迎来了改革开放以来的第一个高潮。中央在十六大报告中强调："抓紧解决部分地区水资源短缺问题，兴建南水北调工程。" 2002 年开始，中国水利投入快速增长，防洪建设、农田水利建设、农村饮水安全保障建设都取得突出成就；水环境治理的力度显著增加，水环境恶化的趋势得到一定程度遏制；水生态修复工作持续推进，水生态恶化的趋势有所减缓。同时，水系景观、水休闲娱乐、高品质用水等舒适性需求开始在中国涌现，带动了相应供给的较快增长。

同一时期，中国的城镇化改革也进入加速阶段。新千年伊始的十年间，中国工业结构升级特点鲜明，工业化推进速度加快，工业化与城镇化的联系更加紧密。农村人口向城镇的转移数量急剧增加，城乡之间的流动人口增加，保护农村外出务工人员的政策不断完善。这些变化对中国水利发展提出了新的要求，促使中国加速建设发达的城市供排水管网和污水处理设施。

这一阶段，中国开启了治水模式的历史性转型，引入大量新理念、新思路和新手段，从传统水利开始转向现代水利和可持续发展水利，水利发展的重点从开发、利用和治理转向节约、配置和保护。在农田水利建设管理方面，国家也开始选择市场化和自治化取向的政策。2002 年国务院办公厅转发《水利工程管理体制改革实施意见》中明确提出"要探索建立以各种形式农村用水合作组织为主的管理体制"。2005 年国务院办公厅转发《关于建立农田水利建设新机制的意见》再次强调，要鼓励和扶持农民用水协会等专业合作组织的发展。市场化和自治化的农田水利政策对中国水资源管理制度改革起到关键性的指导作用，为后续的改革工作指明了方向。但市场化是一个系统工程，难度很大，还需要多年的探索和总结。

进入"十二五"时期，中国迎来了历史性的水利发展战略机遇。2011 年中央一号文件《中共中央国务院关于加快水利改革发展的决定》指示：到 2020 年，基本建成防洪抗旱减灾体系；基本建成水资源合理配置和高效利用体系；基本建成水资源保护和河湖健康保障体系；基本建成有利于水利科学发展的制度体系，最严格的水资源管理制度基本建立。《中共中央国务院关于加快水利改革发展的决定》是新中国成立以来中央首个关于水利的综合性政策文件，从战略和全局高度出发，把水利上升到国家基础设施建设的优先领域，把农田水利规定为农村基础设施建设的重点任务。该《决定》提出了实行最严格的水资源管理制度，包含用水总量控制、用水效率控制、水功能区限制纳污、水资源管理责任和考核四项重要制度。并分别为水资源开发利用控制、用水效率控制和水功能区限制纳污制定了红线，为中国现阶段水利工作部署了三条重要的战略防线。

随着时代的变迁和矛盾的转移，中国的水利政策逐渐从"开源"转向"节流"、从"强制性"转变为"市场化"，这是水利工作科学化、合理化的重要标志。2012年，党的十八大报告中指出："加强水源地保护和用水总量管理，推进水循环利用，建设节水型社会。"报告还提道："积极开展节能量、碳排放权、排污权、水权交易试点。"2017年，党的十九大报告中，习近平总书记提出"绿水青山就是金山银山"理念，再次强调绿色发展和人与自然和谐共生的重要性。习近平总书记在2015年2月召开的中央财经领导小组第九次会议时提出"节水优先、空间均衡、系统治理、两手发力"十六字治水方针，高度总结了中国当今的治水政策。经历了六十多年的改革与发展，中国的水利政策取得的成效有目共睹，但未来的路依然要如履薄冰，以科学发展作为支撑不断探索更符合国情和时代特征的水利政策。

二　水资源管理相关法律

新《水法》实施以来，中国的水资源管理逐步走上依法管理的轨道，并取得一定的成绩。（1）确立了具有法律意义的水资源管理的制度框架。该制度框架由水资源科学考察、调查评价、水规划、水长期供求计划、水量宏观调配、取水许可管理、节约用水、计划用水、水费和水资源费征收、水事纠纷处理等十项制度组成；

（2）建立了符合国情、相互配套的水法规体系和水行政执法体系。在新《水法》颁布之后，中国又相继修正和修订了《中华人民共和国水土保持法》《中华人民共和国防洪法》《中华人民共和国水污染防治法》和《中华人民共和国环境保护法》。这四部法律分别明确规定了中国防治水土流失、防治洪涝灾害以及防治水污染、保护水环境等工作中的制度原则，充分补充了水资源相关工作的法律依据。中央和地方政府还先后颁布了数以千计的国家行政法规、部门规章和地方法规，为实施《水法》提供了保障；（3）通过《水法》的宣传，提高公众对水资源短缺的认识和水患意识，提高水利在国民经济中的地位，促进了全社会的合理用水和节约用水。

水资源管理工作中，还需要其他法律配合《水法》共同实施，比如《物权法》。《物权法》于 2007 年第十届全国人民代表大会第五次会议通过，该法律第四十六条中明确规定：矿藏、水流、海域属于国家所有；第一百一十九条规定：国家实行自然资源有偿使用制度，但法律另有规定的除外；第一百二十三条规定：依法取得的探矿权、采矿权、取水权和使用水域、滩涂从事养殖、捕捞的权利受法律保护。这些法律条文既强化了水资源所有权的法律效力，也保证了水资源收费以及水资源费改税的制度基础，更为水权制度和水权交易市场的建立提供了法律保障。

三 水资源管理行政法规

行政法规是法律效力次于法律、高于部门规章和地方法规的所有法规的总称。中国水资源管理中有很多行政法规，它们具体化了上述法律条文中的内容，对水资源管理工作的实施具有很强的规范和指导意义。

由于《水法》和与水利相关的多部法律都是在 20 世纪八九十年代颁布的，所以水资源管理中最早的行政法规出现于 20 世纪 90 年代中期。这一时期正是中国城镇化进展最快的阶段，因此该时期产生了两部关于城市供排水和城市污水处理的行政法规。1994 年，为了加强城市供水管理，发展城市供水事业，保障城市生活、生产用水和其他各项建设用水，国务院制定《城市供水条例》。2000 年，为切实加强和改进城市供水、节水和水污染防治工作，促进经济社会的可持续发展，国务院下发《国务院关于加强城市供水节水和水污染防治工作的通知》。2013 年，为了加强对城镇排水与污水处理的管理，保障城镇排水与污水处理设施安全运行，防治城镇水污染和内涝灾害，保障公民生命、财产安全和公共安全，保护环境，国务院又制定了《城镇排水与污水处理条例》。这三部行政法规自施行之日起被沿用至今，是城市水利工作的重要指导文件。

在流域治理方面，中国也很早就建立了行政法规予以监督和保障。淮河沿岸城市是中国工业发展相对较早的地区，20 世纪 90 年代初淮河就发生了大规模严重的水污染事件，而且污染程度有增无减。1995 年，为了加强淮河流域水污染防治，保护和改善水质，保障人体健康和人民生活、生产用水，国务院制定了《淮河流域水污染防治暂行条例》。该条例于 2011 年被修订一次，当前使用的是 2011 年的版本。2007 年，太湖成了新时期的水污染重灾区，太湖蓝藻大爆发震惊国内外。2011 年，为了加强太湖流域水资源保护和水污染防治，保障防汛抗旱以及生活、生产和生态用水安全，改善太湖流域生态环境，国务院制定了《太湖流域管理条例》。

"十五"时期，是中国市场经济体制改革快速推动的阶段，水利工作也是社会主义市场经济的一个重要组成部分，为充分发挥市场机制和价格杠杆在水资源配置、水需求调节和水污染防治等方面的作用，推进水价改革，促进节约用水，提高用水效率，努力建设节水型社会，促进水资源可持续利用，国务院办公厅于2004 年下发《国务院办公厅关于推进水价改革促进节约用水保护水资源的通知》。2006 年，为加强水资源管理和保护，促进水资源的节约与合理开发利用，根据《中华人民共和国水法》，国务院又制定了《取水许可和水资源费征收管理条例》。取水许可制度是中国水资源管理中的一项关键制度，1993 年中国就制定的《取水许可制度实施办法》，2006 年《实施办法》被废止，同时以《取水许可和水资源费征收管理条例》作为替代法规，2017 年国务院对该条例做了最新一次修订。

进入"十二五"，中国水利事业迅猛发展，中央一号文件也为水利工作赋予了历史使命。2012 年，为贯彻落实好中央水利工作会议和《中共中央国务院关于加快水利改革发展的决定》，国务院提出了《国务院关于实行最严格水资源管理制度的意见》。针对"十五""十一五"期间出现的水资源过度开发、粗放利用、水污染严重三个方面的突出问题，《意见》确立了水资源管理"三条红线"；考虑到 2030 年是中国用水高峰，按照保障合理用水需求、强化节水、适度从紧控制的原则，《意见》将国务院批复的《全国水资源综合规划（2010—2030）》提出的2030年水资源管理目标作为"三条红线"控制指标。《意见》还与《国民经济和社会发展第十二个五年规划纲要》、2011年中央一号文件、《规划》相衔接，进一步提出了"十二五"期间和2020年的阶段性目标。这条行政法规明确提出了实行最严格水资源管理制度的主要目标，也为后续若干阶段的水利工作做出了细致安排。

针对日益凸显的水污染问题，为了加大水污染防治力度，保障国家水安全，原环保部于2015年4月制订了《水污染防治行动计划》，该计划为了与"大气十条"相对应，被改称为"水十条"。同年5月，为贯彻落实"水十条"，国务院下发《国务院关于印发水污染防治行动计划的通知》。该《通知》正式确立了"水十条"的法律地位，为水污染防治工作提供了最有力的法律保障。

作为新中国成立初期水利工作的重要内容之一，农田水利建设理应在水利法制建设初期就得到重视，但直到2016年，中国才制定了《农田水利条例》。而且，制定《农田水利条例》的根本目标是保障国家粮食安全，该目标是中国农田水利建设进入"十二五"时期制定的。可见，在加快农田水利发展、提高农业综合生产能力的初始阶段，农田水利工作没有被写入行政法规之中。这或许是中国农田水利发展至今依然比较落后的原因之一。

除了上述行政法规，国务院还对各地区和流域水行政管理机构进行了数以千计的工作批复和通知，这些批复和通知都具备行政法规的效力，但限于篇幅，不作赘述。

四 水资源管理部门规章和地方法规

除国家法律和国务院行政法规之外，水资源管理中各行政主管部门要根据自己的职能制定部门规章或地方法规，建立水行政管理法律与行政法规的补充法律依据。这些部门规章或地方法规既是法律和行政法规在具体问题中的实施办法，也是法律和行政法规的补充形式，它规范的是公民或组织供水取水用水过程中的行为规范。中国的水行政管理部门规章和地方法规数量非常大，本节选取部分代表性部门规章进行总结和梳理。

2005 年，为了进一步推进水权制度建设，规范水权转让行为，《水利部关于水权转让的若干意见》应运而生。该《意见》为水权转让制定了明确的基本原则和实施办法，为促进水资源的高效利用和优化配置、实现水资源可持续利用打下了坚实的基础。自此，中国涌现出一批水权转让试点，形成初具规模的水权交易和准水权交易。作为水权交易的载体，初始分配水量也是政府考量的重点。为实施水量分配，促进水资源优化配置，合理开发、利用和节约、保护水资源，根据《中华人民共和国水法》，水利部于 2007 年制定《水量分配暂行办法》。经过十几年的水权交易试点，中国很多地区根据自身特点和交易对象的需求，建立了多种交易手段。为了规范交易行为、推行水权交易、培育水权交易市场，鼓励开展多种形式的水权交易，促进水资源的节约、保护和优化配置，水利部根据有关法律法规和政策文件于 2016 年制定了《水权交易管理暂行办法》。

在水污染治理方面，中国也一直在寻求市场化的管理方式，但由于制度建设的复杂性，中国水污染治理工作一直以污染费作为抓手，水污染税已经提上议程但尚无征收实施办法。2014年，财政部、国家发展和改革委员会、住房和城乡建设部为了规范污水处理费征收使用管理，保障城镇污水处理设施运行维护和建设，防治水污染，保护环境，根据《水污染防治法》《城镇排水与污水处理条例》的规定，印发了《污水处理费征收使用管理办法》。经过一年时间的实践，财政部、原环境保护部于2015 年印发了《关于水污染防治专项资金管理办法的通知》。该通知的意义在于规范和加强水污染防治专项资金管理，提高财政资金使用效益，其内容是根据《中华人民共和国预算法》和《水污染防治行动计划》有关规定制定的，2016 年两部委对该通知进行了修订。

自从 2000 年农村税费改革开始，中国开启了一系列费改税行动。2009 年，交通税费改革，2011 年，房地产税费试行改革。2018 年，中国将施行《中华人民共和国环境保护税法》，这将正式开启中国环境保护领域的税收制度。作为改革准备工作，财政部、国家税务总局、水利部于 2016 年印发了关于《水资源税改革试点暂行办法》的通知，该办法将为促进水资源节约、保护和合理利用建立市场化程度更高的指导意见，也为环境保护税法的实施提供充分的实践经验。

◇◇ 第三节 水资源管理制度

中国的水资源管理制度在党的执政方针与国家水资源管理体制和法律建设的基础上产生。在上述水资源管理相关法律、政策法规、条例、规定和管理办法的约束、规范和指导下，中国水资源管理制度得以快速建设和不断完善。从特征上看，中国的水资源管理最初以建立水资源管理法规等强制性制度为主，尔后逐步引入产权与市场机制，近年来辅以自主管理制度，呈现出多种制度共同存在、相互补充的局面。

具体地说，在现行的水资源管理框架中，强制性制度包括：水资源规划制度，取水许可制度，水资源有偿使用制度，水资源管理责任与考核制度，流域管理与区域管理相结合的水资源管理体制，用水总量控制制度，用水效率控制制度，水功能区限制纳污制度，节水"三同时"制度，饮用水水源保护区制度，河道采砂许可制度，总量控制和定额管理相结合的制度，计量收费和超定额累进加价制度，生态保护补偿制度，环境保护责任制度，重点污染物排放总量控制制度，排污许可管理制度，水环境保护目标责任制和考核评价制度，水环境质量监测和水污染物排放监测制度，环境影响评价制度，水管体制改革信息通报制度，枯水期及连续枯水期应急管理制度，河湖闸坝放水调控制度，跨地区河流水质达标管理制度，供水水源地水质旬报制度，生活饮用水水源水环境质量公报制度，水资源论证制度，用水、节水评估制度，城镇污水处理特许经营制度，城镇排涝风险评估制度，最严格环保制度，国家环境监察专员制度，边界断面水质监测制度，入河排污口管理制度，污染事件责任追究制度，污染限期治理制度，排污行为现场检查制度等；发挥市场机制的制度包括：水资源所有权制度，水资源使用权制度，水权流转制度，水资源价值核算制度，水权登记及管理制度，水权分配协商制度，水权转让协商制度，水权转让公告制度，阶梯式计量水价制度，计量计价制度，农户终端水价制度等。本节将对部分重要的制度进行梳理。

一　行政命令型管理制度

从第一章的论述得知，中国北方水资源水资源问题主要体现为总量的匮乏，个别流域呈现严重的污染现状；南方的水资源问题则主要体现为污染带来的水质下降。制度建立的初衷是面向全国范围所有水资源的，但由于空间差异，不同地区和流域反映出的制度效果有所不同。

（一）水资源规划制度

1988年《水法》第十一条指出："开发利用水资源和防治水害，应当按流域或者区域进行统一规划。规划分为综合规划和专业规划。"文中明确要求：国家确定的重要江河的流域综合规划，由国务院水行政主管部门会同有关部门和有关省、自治区、直辖市人民政府编制，报国务院批准；其他江河的流域或者区域的综合规划，由县级以上地方人民政府水行政主管部门会同有关部门和有关地区编制，报同级人民政府批准，并报上一级水行政主管部门备案；综合规划应当与国土规划相协调，兼顾各地区、各行业的需要。

2002年新《水法》则单独用一章来强调规划制度的重要性。新《水法》第十四条：国家制定全国水资源战略规划；第十五条：流域范围内的区域规划应当服从流域规划，专业规划应当服从综合规划；第十六条：制定规划，必须进行水资源综合科学考察和调查评价；第十七条：国家确定的重要江河、湖泊的流域综合规划，由国务院水行政主管部门会同国务院有关部门和有关省、自治区、直辖市人民政府编制，报国务院批准；第十八条：规划一经批准，必须严格执行；第十九条：建设水工程，必须符合流域综合规划。新增法律条例凸显了中国政府在水资源规划制度设计方面的强制性和科学性，为全国的水资源管理工作明确了原则和规范。

在列入法律条文之前，20世纪70年代至80年代初，中国水资源管理工作已经开始强化水资源的规划研究，在此基础上进行了水量调配分析，较好地协调了区域之间和部门之间的关系。黄河是中国最重要的大河之一，黄河水量从新中国成立初期就表现出水流量下降、周期性断流等问题。1987年，根据沿黄各省、区对水资源的需求和黄河有可能形成的供给，制订了具体的水量调配方案，并经国务院批准实施。这是全国第一个国家规定的大江大河水资源控制利用方案。

1998年，水利部黄委会又在1987年国务院批准的年水量调配方案的基础上，根据自然水源和水库蓄水条件以及每个月的水量动态变化，制订了月水量动态调配方案。在新的水量调配方案中，不仅安排了各省水量控制的计划指标，而且改水量控制为断面流量控制，即规定每个被控制断面每个月的最低流量，以确保生态用水，确保不断流。为了达到这一目标，黄河沿岸的所有取水口交由黄委会实行统一管理，每个取水口的水量如何配置则由各省负责。自1999年3月1日执行新的水量调配方案以来，基本上达到了预定目标，取得了显著的效果。

进入21世纪，水资源规划已经成为水资源管理工作中不可或缺的部分。2002年，国家发展和改革委员会、水利部牵头，原国土资源部、原环境保护部、住房和城乡建设部、原农业部、原国家林业局以及中国气象局等有关部门参与，制定了《全国水资源综合规划》。流域管理部门当中，除了黄河流域，其他六大流域的管理委员会也编制了本流域的综合规划。各省、自治区和直辖市也都编制了区域水资源综合规划。在综合规划之外，还有各类专项规划，比如水污染防治规划、水土保持规划、水资源保护规划，等等。

（二）取水许可制度

取水许可制度是国家加强水资源管理的一项重要措施，也是水资源管理的一项基本制度。该制度对管水机构和用水部门都做了具体规定：水资源管理机构对取水户的用水必须做到"四个明确"，即许可取水权（量）明确、年度取水计划明确、节水数量明确、节水治理措施明确。所有利用水工程或者机械提水设施直接从江河、湖泊或地下取水的单位和个人，都必须按照国务院颁发的《取水许可和水资源费征收管理条例》和水利部颁发的《取水许可申请审批程序规定》获得取水许可证，然后方能取水。取水许可制度主要有三个作用：其一是对区域水资源利用实行统一管理和总量控制；其二是维护各地区、各部门和各单位用水的权益；其三是为开展水权交易创造必要的条件。

取水许可管理主要包括取水许可证审批、发放、吊销、注销、年终保有及监督管理等，2013 年全国审批与发放河道外用水取水许可证 48940 套，许可水量 20717 亿立方米，削减许可水量 515.39 亿立方米。由于 2013 年最严格水资源管理制度考核办法的出台，近些年来取水许可证颁发数量和许可水量发生了先增后减的变化。

由于中国北方一直处于缺水状态，北方各省实施取水许可制度的效果受到很多学者的格外关注。对陕西省渭南市在取水许可制度最初几年施行效果的研究表明，取水许可制度在制止乱开采水源、保护生态环境、推动节水措施的实施方面取得了显著成效。

（1）乱开采水资源的行为得以制止

截至 1995 年底，陕西省渭南市 12 个县（市、区）的水资源行政主管部门对辖区内各类取水工程进行了审查、清理和登记，共登记 30217 处（眼），其中：自备水源工程 1337 处，水利工程 855 处，农用井 27989 眼。发放取水许可证 13942 个，达 90% 以上，其中自备水源、水利工程实行一处一井一证，发证率达 100%，农用井根据产权实行一井或多井一证，发证率达 85% 以上。根据事先规定的申报、审批程序发放取水许可证，有效地制止了以往乱打井、滥开采、乱设取水口的不良现象，减少了水事纠纷，产生了一定的经济、社会和生态效益。

（2）水生态环境恶化的趋势得以遏制

实施取水许可证制度以前，渭南市城区地下水的年超采量为200万—400万吨，1988—1993年期间每年地下水位下降1—2米，漏斗直径已扩大到6公里。韩城电厂、富平县城区每年超采252万—322万吨，漏斗直径分别达2—6米，每年不得不从尤河水库调上百万吨水给城区，从薛峰水库调水300万吨给韩城发电厂。取水许可证制度的施行，有效地解决了工业与生活争水的矛盾，缓解了城市供水压力，也遏制了水源地超采区的进一步扩大。

（3）节水措施得以实施

在实行取水许可证制度之前，渭南市万元工业产值耗水量为276立方米，高于全省平均值。实行取水许可证制度之后，自备水源工程安装了计量设施，年初由水资源管理部门根据各部门用水定额统一下达年用水计划，平时严格按照用水定额和计划供水，并加强监督，年底进行考核评比。采用这种做法之后，水资源的重复利用率明显提高。在尚未实施取水许可证制度的1990年，全市取水总量为14.8亿立方米；在实施取水许可证制度的1993年，取水总量为14.1亿立方米，减少了0.7亿立方米，而有效灌溉面积增加了1.4万公顷，工农业总产值增加了21亿元，耗水量较大的电力行业的耗水率由0.43下降到了0.41。大型企业在计划用水和节约用水方面的效果尤为显著。

（三）排污许可管理制度

控制污染物排放许可制（简称"排污许可制"）是依法规范企

事业单位排污行为的基础性环境管理制度，环境保护部门通过对企事业单位发放排污许可证并依证监管实施排污许可制。中国最早的排污许可制度探索可以追溯到 20 世纪 80 年代，1988 年原国家环境保护总局发布《水污染物排放许可证管理暂行办法》，"九五"时期中国以该管理办法为依据对排污总量和浓度进行严格控制。2000 年 3 月，《水污染防治法实施细则》出台，规定地方环境保护主管部门根据总量控制实施方案发放水污染物排放许可证，将水污染物排放许可证制度上升到行政法规的高度。

2008 年《水污染防治法》第二十条规定："直接或者间接向水体排放工业废水和医疗污水以及其他按照规定应当取得排污许可证方可排放的废水、污水的企业事业单位，应当取得排污许可证；城镇污水集中处理设施的运营单位，也应当取得排污许可证。排污许可的具体办法和实施步骤由国务院规定。禁止企业事业单位无排污许可证或者违反排污许可证的规定向水体排放前款规定的废水、污水。"这是排污许可制度得到法律保障的标志，也是中国实质性开展排污许可制度的起点。2014 年《环境保护法》第四十五条规定："实行排污许可管理的企业事业单位和其他生产经营者应当按照排污许可证的要求排放污染物；未取得排污许可证的，不得排放污染物。"

原环保部于 2016 年发布《排污许可证管理暂行规定》，规定中界定了排污许可证等概念，并对排污许可证申请、审核、发放、管理等程序做出规范性要求。2017 年，为贯彻落实党中央、国务院决策部署，推进排污许可制度建设，规范排污许可管理程序，指导全国排污许可证申请、核发和实施监管等工作，根据《中华人民共和国环境保护法》《中华人民共和国水污染防治法》《中华人民共和国大气污染防治法》《中华人民共和国行政许可法》和《国务院办公厅关于印发控制污染物排放许可制实施方案的通知》等，原环保部发布了《排污许可管理办法（征求意见稿）》，公开征求意见。

根据《排污许可证管理暂行规定》的要求，应当实行排污许可管理的排污单位包括：排放工业废气或者排放国家依法公布的有毒有害大气污染物的企业事业单位；集中供热设施的燃煤热源生产运营单位；直接或间接向水体排放工业废水和医疗污水的企业事业单位和其他生产经营者；城镇污水集中处理设施的运营单位；设有污水排放口的规模化畜禽养殖场；依法实行排污许可管理的其他排污单位。

经过 30 年的探索，排污许可制度在中国已经全面开展并取得丰硕的成效。但制度实施需要大量的法律规范，也需要丰富的技术层面的支撑，因此中国现行排污许可制度还有很多需要完善的地方。李冬等（2016）的研究表明：中国的排污许可制度在政策设计层面存在专项法律法规缺失、管理要求落地难、各方权责落实难等问题；在技术支撑层面，则存在排放标准滞后、行业标准缺失、与环境目标未建立响应关系、管理方式落后的现象；而在配套保障层面，又存在数据支撑不足和人员配备保障不足的问题。张瑜等（2017）的研究还发现：中国排污许可制度管理方式落后主要表现在管理以监督为主、培训体系不健全、排污许可制度定位不够明确等方面。学者建议，在完善排污许可制度的建设中，中国还应该继续加强法律法规的建立，建成上下联动的管理格局，完善环境标准体系的构建，强化技术支撑能力，同时还要强化企业和个人的自行监测管理，提高统计数据的质量。

（四）最严格水资源管理制度

2012年1月，国务院办公厅发布《关于实行最严格水资源管理制度的意见》，这是国务院对实施2011年中央1号文件和中央水利工作会议明确要求的实行最严格水资源管理制度作出的全面部署和具体安排，该意见是未来一段时间内中国水资源工作的纲领性文件。2013年1月，国务院办公厅再次发布《实行最严格水资源管理制度考核办法》。党中央在《中共中央关于制定国民经济和社会发展第十三个五年规划的建议》中明确提出："实行最严格的水资源管理制度，以水定产、以水定城，建设节水型社会。"从这些指导文件和政策方针可以看出，最严格水资源管理制度是中国在新时期针对水资源管理工作提出的指导方针和总体要求。

前文提到，2011年中央1号文件和中央水利工作会议明确要求实行最严格水资源管理制度，确立水资源开发利用控制、用水效率控制和水功能区限制纳污"三条红线"，《关于实行最严格水资源管理制度的意见》对实行最严格水资源管理制度工作进行全面部署和具体安排：一是确立水资源开发利用控制红线，到2030年全国用水总量控制在7000亿立方米以内；二是确立用水效率控制红线，到2030年用水效率达到或接近世界先进水平，万元工业增加值用水量降低到40立方米以下，农田灌溉水有效利用系数提高到0.6以上；

三是确立水功能区限制纳污红线，到2030年主要污染物入河湖总量控制在水功能区纳污能力范围之内，水功能区水质达标率提高到95%以上。

为实现三条红线的具体目标，保障最严格水资源管理制度的有效实施，《关于实行最严格水资源管理制度的意见》建立了四项具体制度。（1）用水总量控制制度。加强水资源开发利用控制红线管理，严格实行用水总量控制，包括严格规划管理和水资源论证，严格控制流域和区域取用水总量，严格实施取水许可，严格水资源有偿使用，严格地下水管理和保护，强化水资源统一调度。（2）用水效率控制制度。加强用水效率控制红线管理，全面推进节水型社会建设，包括全面加强节约用水管理，把节约用水贯穿于经济社会发展和群众生活生产全过程，强化用水定额管理，加快推进节水技术改造。（3）水功能区限制纳污制度。加强水功能区限制纳污红线管理，严格控制入河湖排污总量，包括严格水功能区监督管理，加强饮用水水源地保护，推进水生态系统保护与修复。（4）水资源管理责任和考核制度。将水资源开发利用、节约和保护的主要指标纳入地方经济社会发展综合评价体系，县级以上人民政府主要负责人对本行政区域水资源管理和保护工作负总责。

二　市场取向型管理制度

最近30来年，中国一直在进行经济体制转型。在这个过程中，最为显著的变化是要素价格的扭曲逐渐得到消除，要素价格对市场主体的影响越来越直接。水资源管理的情形也是如此，虽然目前对水价的作用尚不宜做过高的估计，但水价正在推动着供水由福利性事业到营利性产业的转换，水价在水资源管理中的地位越来越重要，对优化水资源配置的贡献越来越大，这是一个不争的事实。

在水资源管理上，用行政手段制定一套人们必须共同遵循的制度，以法律、法规来规范人们开发利用水资源的行为，无疑都是极为重要的。但水资源作为一种商品，还得通过发育要素市场，运用价格机制来实现其优化配置。这是水资源管理不可缺少的方面和手段。

（一）水权制度

中国现阶段水权制度有三个层次的内容：一是流域、区域水资源配置，包括流域（全国）向省（自治区、直辖市）、地（市）、县（市）行政区域转移的水量分配。二是取水权配置，通过取水许可制度实现区域水权向取水权的分配。三是灌区农民用水权的配置。灌区按照灌溉规划和用水计划把灌区集体水权细化为农户用水权，例如甘肃黑河流域的水票和水权使用证。

水权制度有三个重要基础：一是水量分配方案，这是水权制度的技术基础。二是监测计量系统，这是将水量分配方案落到实处的保障。三是水权管理制度，其实质是把水量分配方案的"用水量"转化为"用水权"。其中，水量分配是基础，监测计量和水权管理是支撑，三者缺一不可。在水权制度的基础上，中国才得以发展出后续的诸多市场化水资源管理制度。

（二）水资源有偿使用制度

水资源有偿使用制度是合理配置水资源的一种有效机制，是实现水资源可持续利用的重要基础。中国于1982年城市用水工作会议之后开始实行水资源有偿使用制度。为了克服北方地区出现的水资源危机，推进计划用水和节约用水，最初的有偿使用制度是对工矿企业的自备水源征收水资源费。真正具有法律基础的水资源有偿使用制度是1988《水法》提出的："使用供水工程供应的水，应当按照规定向供水单位缴纳水费。对城市中直接从地下取水的单位，征收水资源费；其他直接从地下或者江河、湖泊取水的，可以由省、自治区、直辖市人民政府决定征收水资源费。水费和水资源费的征收办法由国务院规定。"

水资源有偿使用制度理论上讲是一个利用市场机制管理水资源的制度，但1988年《水法》对征收税费的规定具有计划经济的色彩。在这种制度下，水的资源价值与水的商品价值不能通过市场机制得到体现。2002年新《水法》明确水资源国家所有权制度，并对水资源有偿使用做了新的规定："国家对水资源依法实行取水许可制度和有偿使用制度。""直接从江河、湖泊或者地下水取用水资源的单位和个人，应当按照国家取水制度和水资源有偿使用制度的规定，向水行政主管部门或者流域管理机构申请取水许可证，并交纳水资源费，取得取水权。""实施取水许可制度和征收管理水资源费的具体办法，由国务院规定。"新《水法》中对收取水价的基本原则、用水计量收费和超定额累进加价制度等也做了明确规定。

新《水法》提出的有偿使用制度，更强调水的自然资源与商品双重属性，这为遵从市场条件制定水价建立了良好的前提和基础。蔡守秋（2001）指出，水资源与水商品的最大区别是：水资源所有权或水资源使用权是对水的来源（水体）的占有、利用、收益或处分，获得了水资源所有权或使用权就获得了源源不断的供应水的能力。水商品所有权是对一定质和量的水的占有、利用、收益或处分，获得水商品所有权只是获得一定质和量的水。根据这样的定义，我们制定水价、进行水权交易，甚至是未来收取资源税的水都来源于税商品所有权的分配和交易。

倪琳（2012）的研究曾指出，中国目前的水资源征收制度存在一些问题，主要表现在：多元征收主体，收入征缴效率低；水资源费征收率低。具体而言，在征收主体方面，根据《水资源费征收使用管理办法》的规定，水资源费征收主体是水行政主管部门，但部分地区的征管主体与之相左，多部门均具有收取水费的权力。征收率方面，根据国家审计署的数据，中国甘肃、宁夏、内蒙古、陕西、河南、山东6个省区的4个省级、10个市级和20个县级水利、环保、建设等主管部门或自来水公司等代征单位欠征水资源费2.16亿元、污水处理费3581.90万元、垃圾处理费57.35万元、排污费81.76万元；甘肃、宁夏、内蒙古、陕西、山西、河南6个省区的256家企事业单位欠缴水资源费2.16亿元、污水处理费1926.60万元、垃圾处理费9099.95万元、排污费2.06亿元。水费拖欠的直接原因主要来自企业自身意识懈怠和地方政府干扰两个方面，但主要因素依然是水资源费征收体系的市场化程度不够，缺乏市场机制的倒逼和激励作用。

用水计量收费和超定额累进加价制度是水资源有偿使用制度的一个延伸，也是利用市场机制实现"取之于水，用之于水"的手段之一，其具体形式表现为阶梯水价。2002 年，中国国务院原国家计委、财政部、原建设部、水利部、国家原环保总局联合发布《关于进一步推进城市供水价格改革工作的通知》，要求全国各省辖市以上城市必须在 2003 年底之前实行阶梯水价，其他城市2005 年年底前实行阶梯水价。由于制度设计、水量计量、统计收费等多方面的困难，该制度并未全面实行。2014 年国家发展和改革委与住房和城乡建设部出台的《关于加快建立完善城镇居民用水阶梯价格制度的指导意见》指出，2015 年年底之前全国所有设市城市原则上实行阶梯水价。为配合该制度的实施，国内市场还上市了阶梯水价水表。

2014 年、2015 年两年时间里，全国多个城市开展阶梯水价。北京市自来水集团 2015 年 1 月公布一组数据：从 2014 年 5 月 1 日北京实施居民阶梯水价以来，北京市自来水集团市区供水范围内，户均月用水量下降 0.17 立方米，下降比例 2.19%，用户每人每日节约用水量两升。实施居民阶梯水价后，每年可节约用水量近 1000万立方米，相当于 5 个昆明湖的水量。从实行阶梯水价的各城市的数据统计来看，该制度的施行有利于减少总体用水量的消耗，也能够减少用水大户的数量，但这些节水效果都不显著。而且，实行阶梯水价需要"一户一表"，这样才能准确统计每户每月的真实用水量，而中国还有部分地区无法满足这样的要求，这为阶梯水价的推进造成了极大的阻碍。所以，中国阶梯水价制度还很不成熟，需要从制度设计和硬件配套两个方面不断完善。

（三）水权交易制度

水权交易制度是政府依据一定规则把水权分配给使用者，并允许水权所有者之间进行自由交易。水权交易是高度市场化的行为，需要完善的交易制度和市场机制作为基础。2005 年颁布的《水利部关于水权转让的若干意见》是中国水权交易制度的出行。2007 年《物权法》的出台，为水权交易确立了取水权作为一种可以由民事主体依法享有的用益物权的法律地位。2011 年开始，中央一号文件中"最严格水资源管理"制度的出台，进一步提升了水权交易的必要性。

中国最早的水权交易实践是在 2000 年，浙江省东阳市和义乌市就横锦水库部分用水权交易，东阳市把节省的水资源卖给用水紧张的义乌市，义乌市为东阳市支付转让费。义乌市在横锦水库一级电站尾水处接水计量，计量设备和计量室由义乌市出资修建，双方共同对其进行管理。交易过程中，义乌市要为东阳市支付当年实际供水 0.1 元/立方米的综合管理费。此例水权交易之后，义乌市得到了充分的水资源，义乌市民面对上调的水价表现出的支付意愿有所上升；东阳市则在交易之后反映出更多的变化，其农业灌溉用水量显著减少，节水措施变得更丰富。但是，东阳市的农民对此交易并不满意，他们的用水量被大幅度减少，而由此带来的经济损失并没有得到充分的补偿。东阳 - 义乌水权交易之后，2006 年，北京市与河北省张家口市和承德市签订协议，就潮白河水资源进行间接转让，具体办法是张家口市和承德市分别在潮河和白河两岸转种旱作物，减少水稻种植，从而减少河流水的使用，使地处潮白河下游的北京市有更多的地表水可以使用。该案例将在第四节做具体分析。

上述两个水权交易的案例均发生在《物权法》和《水量分配暂行办法》出台之前，不属于真正意义上的水权交易。但这两个案例中产生的经验和问题为中国水权交易试点以及《水权交易管理暂行办法》的出台奠定了非常重要的基础。2014 年 7 月，水利部印发《关于开展水权试点工作的通知》，在宁夏、江西、湖北、内蒙古、河南、甘肃和广东 7 个省区启动水权试点，计划用 2—3 年时间在水资源使用权确权登记、水权交易流转、相关制度建设等方面取得突破，为全国推进水权制度建设提供经验。7 个试点中，侧重点各有不同：宁夏、江西和湖北三省区试点的主要内容是水资源使用权确权登记；内蒙古、河南、甘肃和广东四个省区开展水权交易。水资源确权登记是水权交易的重要前提，所以水利部设计不同的形式对确权登记开展试点工作。在宁夏，水利部要求按照区域用水总量控制指标，开展引黄灌区农业用水以及当地地表水、地下水等的用水指标分解，在用水指标分解的基础上探索多种形式确权登记；在江西，水利部要求选择工作基础好、积极性高、条件相对成熟的市县，分类推进取用水户水资源使用确权登记；在湖北，水利部要求在宜都市开展农村集体经济组织的水塘和修建管理的水库中的水资源使用权确权登记。

2016 年，《水权交易管理暂行办法》出台。虽然《办法》出台之前已经有两年时间的试点，但水权交易依然存在一些问题。

以江西省为例，周口等（2017）对江西省水权交易进行评估，发现：（1）水资源权属意识不强，确权登记尚未全面开展。江西省相比于北方地区属于水资源量较为丰富的省份，公众取用水非常便利。从市县水行政主管部门到水库、灌渠管理单位，再到农民用水户协会都对水资源使用权的观念比较单薄，有些村民甚至没听说过这个概念。这导致这些机构或个人对一份水权被赋予多少水量、能否流转、如何流转等一系列问题都非常模糊。（2）取水许可管理仍有待规范。截至2015年年底，江西省录入全国取水许可台账的取水许可证共4217套，批准的总取水量为2479.18亿立方米（含河道内用水）。台账系统中，存在大量过期证、即将到期证、许可水量大于实际需求的证。一方面，这些证的持有者在获取许可证的时候没有经过随资源论证，要想拿新证必须重新认证；另一方面，这些过期证和即将到期证的持有者对于证件到期这件事不以为然，完全忽视取水许可证在水权交易过程中的重要性。（3）水权转换行为尚无有效法律约束。《水权交易管理暂行办法》中对部分交易类型、主体及范围进行了设定，对交易流程、交易定价等交易过程管理仍缺乏相应的法律支撑和指导，江西省主要交易类型为水库功能转换导致的水权转换，省内没有相应的法律法规作为交易实施的有力依据。目前，中国水市场监管能够依据的法律法规几乎是空白。

（四）水资源税

水资源税是税费改革的内容之一，是水资源有偿使用制度的创新，也是排污收费制度的升级。以居民饮用水为例，目前中国对居民饮用水的收费包括自来水水费、水资源费、污水处理费三部分，水资源税改革，就是将这三部分合并改为税。虽然目前水资源税还没有形成成熟的制度，但一方面，其他资源税的征收可以为水资源税提供借鉴；另一方面水资源税试点工作已经展开并初见成效。2016 年 5 月，财政部和国家税务总局联合发布《关于全面推进资源税改革的通知》，宣布自 2016 年 7 月 1 日起，中国全面推进资源税改革，根据通知要求，中国将开展水资源税改革试点工作，并率先在河北试点，采取水资源费改税方式，将地表水和地下水纳入征税范围，实行从量定额计征，对高耗水行业、超计划用水以及在地下水超采地区取用地下水，适当提高税额标准，正常生产生活用水维持原有负担水平不变。

2016 年 7 月 1 日，河北省人民政府发布关于印发河北省水资源税改革试点实施办法的通知，正式开始试点工作。河北省水资源税税额标准如表 2.1 所示。

表 2.1　　　　　　　水资源税税额标准　　　　　　单位：元/立方米

类别	纳税人	行业	税额标准	
			设区市城市	县级城市及以下
地表水	城镇公共供水企业		0.4	0.2
	直取地表水单位和个人	工商业	0.5	0.3
		特种行业	10	
		农业生产（超规定限额）	0.1	
		其他行业	0.5	0.3

类别	纳税人		行业		税额标准	
					设区市城市	县级城市及以下
地下水	城镇公共供水企业				0.6	0.4
	农业生产者		农业生产（超规定限额）		0.2	
	自备水源单位和个人	非超采区纳税人	工商业	公共供水覆盖范围外	2	1.4
				公共供水覆盖范围内	3	2.1
			特种行业	公共供水覆盖范围外	20	
				公共供水覆盖范围内	40	
			其他行业	公共供水覆盖范围外	2	1.4
				公共供水覆盖范围内	3	2.1
		一般超采区纳税人	工商业	公共供水覆盖范围外	3	2.1
				公共供水覆盖范围内	4.2	2.9
			特种行业	公共供水覆盖范围外	30	
				公共供水覆盖范围内	60	
			其他行业	公共供水覆盖范围外	3	2.1
				公共供水覆盖范围内	4.2	2.9
		严重超采区纳税人	工商业	公共供水覆盖范围外	4	2.8
				公共供水覆盖范围内	6	4.2
			特种行业	公共供水覆盖范围外	40	
				公共供水覆盖范围内	80	
			其他行业	公共供水覆盖范围外	4	2.8
				公共供水覆盖范围内	6	4.2

续表

类别	纳税人	行业	税额标准	
			设区市城市	县级城市及以下
其他特殊用水	采矿疏干排水单位和个人	回用水	0.6	0.3
		外排再利用（农业灌溉等）	1	0.7
		直接外排	2	1.4
	水源热泵使用者	回用水	0.6	0.3
		直接外排	2	1.4
	水力发电企业		0.005 元/kw·h	
	火力发电贯流式企业			

注：1. 不能区分地表水、地下水的纳税人适用高标准税额。

2. 纳税人适用税额标准应为企业和个人生产经营所在地的税额标。

3. 主要供农村人口生活用水的集中式饮用水工程取用水适用农业生产（超规定限额）税额标准。

表 2.2 征收子目关联

征收品目	征收子目	税额标准
地下水	采矿疏干排水回用水（设区市城市）	0.6
	采矿疏干排水回用水（县级城市及以下）	0.3
	采矿疏干排水外排再利用（设区市城市）	1
	采矿疏干排水外排再利用（县级城市及以下）	0.7
	采矿疏干排水直接外排（设区市城市）	2
	采矿疏干排水直接外排（县级城市及以下）	1.4
	水源热泵使用回用水（设区市城市）	0.6
	水源热泵使用回用水（县级城市及以下）	0.3
	水源热泵使用直接外排（设区市城市）	2
	水源热泵使用直接外排（县级城市及以下）	1.4
地表水	水力发电	0.005 元/kw·h
地表水	火力发电贯流式	

河北省开展的水资源税试点在征税过程中存在从量计征难以真正落实和供水用水企业成本大幅增加等问题。学者建议：应加强水资源税纳税人信息统计和监管，加强对企业税负变化的跟踪和适时调整，加强城镇供水、节水、蓄水能力建设（耿香利，2016）。这些问题和建议都是中国未来全面开证水资源税的经验，河北省的试点工作在中国水资源管理制度的建设方面起到了至关重要的作用。

2017 年 11 月，财政部、国家税务总局和水利部联合发布关于印发《扩大水资源税改革试点实施办法》的通知。通知要求北京市、天津市、山西省、内蒙古自治区、河南省、山东省、四川省、陕西省、宁夏回族自治区成为水资源税征收管理的试点省份。试点省份按照应纳税额 = 实际发电量 × 适用税额的公式计算并征收水资源税，该税种的征税对象为地表水和地下水，但从本集体经济组织的水塘水库中取用水的农村集体经济组织及其成员、取用水量少的家庭生活和零星散养圈养畜禽饮用、水利工程管理单位为配置或者调度水资源、为保障矿井等地下工程施工安全和生产安全必须进行临时应急取用水、为消除对公共安全或者公共利益的危害临时应急取水、为农业抗旱和维护生态与环境必须临时应急取水等情况可以不缴纳水资源税。

表 2.3　　　　　　　　试点省份水资源税最低平均税额

单位：元/立方米

省（区、市）	地表水最低平均税额	地下水最低平均税额
北京	1.6	4
天津	0.8	4
山西	0.5	2
内蒙古	0.5	2
山东	0.4	1.5
河南	0.4	1.5
四川	0.1	0.2
陕西	0.3	0.7
宁夏	0.3	0.7

上述 9 个新的试点将为中国水资源税征收工作探索一条可行之路，可以预见，在不久的将来中国必然会建立一套完善的水资源税制度以提升水资源管理的效率。

◇◇ 第四节　水资源管理体制、政策与制度改革的讨论

根据上述回顾与梳理，中国水资源管理的体制建设、政策制定以及制度发展都取得了一定的成效。随着经济发展水平以及社会需求的变化，水资源管理都发生了相应的改变。但这种体系的建设与

完善是非常复杂的，也不可能是先行于问题的，所以我们还要从当前的问题中继续探索新的改革方向与改革内容，尽可能地满足新时期生产生活对水资源提出的一切苛刻要求。当前的主要问题在于：部分流域和大部分地区管理的水平相对较低，个别项目的无序开发对水资源的可持续利用施加了负面影响；由于在局部环节缺乏翔实的实施细则，偏重原则性、逻辑性的法律法规难以用来解决实际问题；受技术水平、实施条件的限制和自身不完善的影响，强制性制度安排的实施尚未达到预期效果。由于水资源管理体制机制创新滞后，流域管理机构和地方水利部门的分工与合作仍有不明确的地方，即流域与区域相结合的水资源管理体制尚未理顺，水务统一管理的体制也不够完善。

针对这些问题，有关部门仍需实施一系列改革。水资源管理体制改革的目标是建立健全以流域管理与区域管理互补共赢为目标，以总量控制、定额管理为核心的水资源管理体系。未来一段时间内主要应该：（1）继续深化流域与区域相结合的水资源管理体制改革，不断改善和全面实施强制性的水资源管理制度，逐步实现全流域水资源的统一、高效、协调管理；（2）从优化产业布局入手优化水资源配置，从加大节水和保护力度入手保障水资源的可持续利用和经济社会可持续发展；（3）以水权、水市场为基础，参考试点地区的经验，逐步完善基于水权及水权转让制度的水资源管理体制；（4）实施水资源管理差异化策略，着重抓好重点区域的水资源管理；（5）引导用水户成立协会，构建公众参与的民主管理体制，实现统一管理与民主管理的有机结合。

一　完善统一管理

以流域水资源综合规划、取水许可、建设项目取用水的水资源论证、总量与定额双控制和初始水权分配为抓手，不断完善水资源的统一管理。

第一，在水资源综合规划的基础上制订更科学的流域水量分配方案，对流域内用水实行总量控制。总量指标逐级分解到相关的省、市、县。各行政区域根据总量控制指标和行业定额，合理制订各行业、各单位用水年度计划，控制行政区域年度用水总量。

第二，依照区域平衡，总量只减不增的原则，对原审批的取用水量进行严格核定，进一步改进取水权的配置，完善取水许可证换发工作。同时，准确评估取水户的用水工艺、节水措施、计量设施、退水水质等，依照行业用水定额核定取水许可量。

第三，推进和完善水资源管理制度，包括水资源综合科学考察和调查评价制度、水资源规划制度、规划同意书制度、建设项目水资源论证制度、水量分配与调度制度、用水总量控制和定额管理制度、取水许可制度、水资源有偿使用与水价制度、用水统计制度、水资源公报制度和入河排污总量控制与许可制度。

第四，开展流域管理体制创新。一是完善流域管理组织体系，彻底廓清流域管理机构和区域管理主体在水资源管理方面的职责与权限，发挥流域管理与区域管理双重积极性；二是以"流域管理"为主导，流域管理与区域管理相结合、统一管理与分级管理相结合的流域管理组织体系，替代以区域管理为主导的水资源管理组织体系。

二　强化科学决策

以建立健全流域和地区水资源动态监测监控体系，用水计量技术支撑体系为抓手，提高流域和地区的水资源监督管理能力，提升水资源管理的定量化水平，不断完善流域取用水总量控制、定额管理和水量调度的科学决策机制，进而促进区域产业布局调整和产业结构优化。

严格执行"流域性法规的制定必须征求地方水行政主管部门的意见，地方法规的制定必须在流域管理机构备案"的制度安排，保障有关水资源管理的法规的科学性、普适性和合理性。建立省际边界地区水资源管理的联合执法机制，保障水行政执法的公正性。坚持流域联席会议制度，共同商讨流域治理开发的重大问题，提高决策程序和决策结果的科学性和合理性，确保各省（市、区）在水资源开发与保护方面的利益得到较好的兼顾。

强化流域水资源保护与水污染防治协作机制，促进流域内的水资源保护和水污染防治，通过水功能区的强化和水资源配置的优化，使受损河流生态系统得以修复，促进流域生态保护与水资源配置规划的协调。建立流域科技合作机制和流域水信息共享机制，提高水资源管理的决策支持与保障能力；加强机构建设和从业人员培训，提高机构的管理能力和人员的管理水平。

三　坚持市场导向

深化市场取向的改革，发挥市场机制在优化水资源配置和发育水市场方面的作用，形成与社会主义市场经济体制相适应的水资源管理运行机制。同时，要以政府职能转变为切入点，逐步完善市场导向的水资源管理体制机制，实现政府水资源管理由工程优先转向公共服务、社会管理优先。

市场化改革的基础是建立健全水权交易规则，规范水权转让价格，规范水权分配、登记、管理、转让等行为。通过转让有偿、节约有奖、超用加价等制度，促使水资源流向利用效率更高的产业和企业。深化水价改革，不断完善旨在提高水资源利用效率的水价形成机制。扩大水资源税改革试点，探索资源税改革在水资源管理工作中的有效性。在流域框架内，建立地方水域纳污能力使用权的市场调节机制，实现在特定功能区内对水域排污权的市场调控，加强水环境保护工作。

四　引导民主决策

新时期的水资源管理工作应更加充分地利用公众的参与，在强化流域水资源配置和水生态保护的协商机制的同时，强调流域水资源管理的公众参与机制，提高利益相关方的参与程度，使得利益相关者之间充分协商，使上下游、左右岸的利益得到兼顾。此外，还需要对重要水事方案和决策实行公报、公告和听证制度。逐渐成熟的试点经验表明，在公众参与机制中，发展农民用水户协会是切实保障农民的用水权益和参与民主决策的有力抓手，打造活跃的用水户参与水量分配、水价制定等水资源管理事务的平台具有很强的必要性。

第 三 章

水权理论回顾、评估和中国
水权体制建设的思路

◇◇ 第一节 水权的定义

就水权的概念来讲,在国内学术界存在着非常大的分歧;而就国外来讲,水权的定义也没有一致的看法。因此,我们的目的有以下几个:第一,对水权的各种定义进行归纳和分类,总结水权的各种定义中共识性的看法;第二,归纳水权的各种定义中存在分歧的地方,以及导致分歧的主要原因;第三,在此基础上,提出一个恰当的水权定义。

一 国内的水权定义

国内对水权的研究主要涉及了社会学、经济学和法学领域。总体来看,不同学科的研究者由于学科视角、研究方法的不同,在对水权的界定上差异较大，甚至在某一学科领域内也是众说纷纭。

社会学的研究认为，由于水资源属于国家所有，水权只能是在所有权的基础上派生出来的使用权、处分权等不完全权属（李强等，2005）。

法学是国内水权研究最为深入的学科，研究成果众多，同时分歧也最大。法学界对于水权概念的界定还可以区分为单一权说和复合权说，后者又可以区分为二权说和多权说。单一权说认为水权无非就是水资源使用权（周霞等，2001）。以裴丽萍（2001）、崔建远（2002）为代表，认为水权是权利人依法对地表水与地下水使用、受益的权利。具体而言，包括汲水权、引水权、蓄水权、排水与航运水权。樊晶晶也认为，在中国的立法实践中，水权应该是水资源用益权，即取水权（樊晶晶，2009）；也有学者认为水权应该是一种占用权（任丹丽，2006），指出结合中国水权的实际情况，在承认水资源国家所有的大前提下，将水权定性为与水资源所有权相并列的水资源占用权；也有学者从人权的角度对水权进行理解，认为水权应该是指水人权，上升到对水权作为一项生存与发展基础的人权的高度进行理解（胡德胜，2006）。单权说将复数的水权变成了单数的权利，而根据产权经济学的有关理论，产权指的是一组权利束，不存在单数的产权。因此，单权说不但存在着将水权与水资源使用权混同的不足，而且还有违于产权经济学的基本原理，所以，我们认为单权说不是一种非常科学的水权定义理论，它最多只能算是一种水权的私法解读，它是在民法的框架内对水权所作出的制度安排。

　　而更多的学者坚持复合权说，认为水权是多种权能的综合体。首先是二权说，水权是产权渗透到水资源领域的产物，主要是指水资源的所有权和使用权。水权即为水资源的所有权和使用权（缚春等，2001）。关涛（2002）认为，水权应该包括水资源所有权和用益物权两个部分；刘书俊（2007）认为，水权可划分为所有权、使用权以及附着于所有权的处置权和附着于使用权的收益权（主要也是从所有权和使用权上进行了界定）。有的学者还依据水资源权属的层次划分理论，将水资源的使用权进一步划分为自然水权和社会水权，其中自然水权包括生态水权和环境水权，社会水权包括生产水权和生活水权（李焕雅、雷祖鸣，2001）。多权说者，除了包括前面两种学说之外，还增加了诸如经营权、交易权、让渡权等内容（马晓强，2002）；姜文来（2001）认为，水权是指水资源稀缺条件下人们有关水资源的权利的总和（包括自己或他人受益或受损的权利），其最终可以归结为水资源的所有权、经营权和使用权。所有权、经营权和使用权是构成水权的三项基本权利，其权属主体分别为国家、企业和消费者，彼此间虽然相互联系，但实质上却相互分离（邵益生，2002）。沈满洪等（2002）则从产权理论的一般原理入手来解析水权的概念，认为产权是以所有权为基础的一组权利，可以分解为所有权、占有权、支配权和使用权，与此对应，水权也就是水资源的所有权、占有权、支配权和使用权等组成的权利束。还有就是以黄锡生为代表，认为水权应该包括水物权和取水权。持复合权论的学者基本纠缠于水资源的所有权、使用权和经营权之间，尽管表述存在差异，例如会将其水资源行政配置权与水资源经营权相替换，实际上前者只不过是更为强调在水资源调控中国家公权力的作用。

法学研究的基本共识是，水资源所有权、水权以及水所有权是三个不同位阶的概念，不能混淆。首先，水权不同于水资源所有权，因为，在中国，水资源所有权归属于国家，水资源所有权不能作为交易的对象。其次，水所有权或水体所有权可为一般的民事主体享有，属于交易的客体。最后，水权是从水资源所有权中派生而出，具有水资源所有权中的使用权和收益权两项权能，是准物权。水权不包含经营权，水权和经营权分属不同的领域，使用权、让渡权和交易权是水权部分效力的表现。水权人行使水权便得到水所有权。

二 国外的水权定义

国外对水权的定义代表性的包括以下几个：Jeremy（2005）认为，水权是一种非传统意义上的私人财产权。水使用人并不拥有某一含水层或某条河流等水资源的所有权，而仅享有使用该资源里的水这一不完全的权利——用益权。

Jan（1989）认为，在西部各州和其他地方，水权不仅是一种法律规定的财产权利，而且还是法律所熟知的最宝贵的财产权利之一。西部水权所包含的两大关键要素是从某一水道引水的权利和在水流外或水流内的水库（蓄水池）中蓄水的权利。行使引水和蓄水的权利是对水体自然条件的一种水文改造……水权不是对水的所有权，水权人不享有受法律保护的所有权上的利益，受保护的只是用水权。

Stephen（2006）的观点是，水权经常被理解为从某一河流、溪涧或含水层等天然水源抽取和使用一定量的水的法律权利。但是水权经常不只是对水这种简单化合物之量的权利，水流也是水权的重要内容。因此水权可包含在某一大坝或其他水利设施后截取或储存某一天然水源里的一定数量的水的法律权利。

Anthea 等（2004）认为，从经济和法律意义上看，水权不是真正的财产权，因为它们的一些属性不同，例如水权一般有时间的限制而不是被永久性分配的……水权之建构目的是明确界定存取和使用水储存体及未受控制的河流和溪涧中的水资源之存量和流量的权利。例如，以许可证形式出现的水权明确规定共享和使用受控制的供水系统的条件。

分析国外学者对水权概念的认识，可以得出如下结论：第一，在水权的客体上，国外学者普遍认为，尽管河流、溪涧、地下含水层等水体有水源、水资源、水体、水流等不同称谓，但水权是指使用河流、溪涧、地下含水层等特定公共水体的权利。第二，在水权内容上，水权只是指水资源使用权或水使用权（包括水资源使用权和商品水使用权），而不包括水资源所有权或水所有权（包括水资源所有权和商品水所有权）。第三，尽管与土地财产权等传统财产权相比，水权是新型、独特、不完全或非真正的财产权，但水权具有英美法意义上"财产权"的属性。第四，在"水权"概念外延问题上，学者之间存在认识上的分歧：在水权包括哪些主体享有的水体使用权或水使用权以及哪些具体类型的水体使用权或水使用权等问题上学者们有不同的看法。例如，有的学者认为水权只是指私人享有的使用某一特定水体的权利，而有的学者则认为水权还应包括联邦或地方为了公共利益而享有的使用某一特定水体的权利；有的学者认为水权只是包括各种消耗性水体使用权，即从特定水体抽取一定数量的水的权利，而有的学者则认为水权还包括各种"非消耗性"的水流内用水权（杜群、曹可亮，2009）。

三　水权定义中的共识

就目前来讲，各种水权定义中最普遍的共识是：（1）水权是一项独立的产权，可以脱离地权而独立存在；（2）使用权（取水权）是水权的重要权能。在国内外学术界的各种定义中，都包含了使用权的内容。

四　水权定义中的主要分歧及解决

从现有的文献来看，国内关于水权的概念存在诸多分歧，不过分歧的焦点主要集中在两个方面：一是对水权之"水"的界定不同；二是对水权之"权"的理解各异。关于水权的客体，或者认为是水，或者认为是指水资源。关于"权"最大的分歧是，是否包括所有权。

首先关于水的界定。所谓水，一般是指位于各种水体之中的所

有的水，其中既包括地面水体中的全部的水，也包括位于地下水体
中的全部的水，简言之，包括所有水体中的水。它是一个相对笼统
的概念。所谓水资源，1977 年，联合国教科文组织（UNESCO）将
水资源定义为："水资源应该指可利用或有可能被利用的水源。这
个水源，应具有足够的数量和可用的质量，并能够在某一地点为满
足某种用途而可被利用。"这是对水资源比较具有权威性的定义。
相对于"水"而言，"水资源"是一个较为具体的概念，仅指水体
中可被利用的那部分水，不能被利用的水不是水资源。本书认为水
权的"水"是指水资源。这主要是基于产权经济学对产权客体的要
求。产权经济学认为，作为产权客体的财产需要同时满足三个条
件。第一，必须对人具有使用价值，即必须有用，无用的东西不可
能成为财产。水对人类的有用性自是不言而喻的。第二，必须是能
够被人们所拥有的对象，即必须能够为人们所控制和利用。自然状
态下的水资源，难以被人类大规模利用，需要采取工程措施才能满
足社会对水的需求。随着社会经济发展和技术进步，可以控制和利
用的水资源范围越来越大，甚至于某些非常规性水源，比如海水、
污水都成为被利用的对象。第三，必须具有稀缺性。如果水资源非
常丰富，人们可以按需索取，将不存在产权问题。就目前来看，水
资源在世界范围内总体是不稀缺的，可是在局部地区却表现出了极
度的稀缺性。基于以上，水权应该被界定为水资源而不是水。

关于水资源的所有权是否包含于水权之内。从国外的研究来
看，水权只是指水资源使用权或水使用权包括水资源使用权和商品
水使用权，而不包括水资源所有权或水所有权（包括水资源所有权

和商品水所有权）。之所以出现这一分歧，主要源于各国法律对水资源国家公有的界定①。按照制度经济学理论，公共财产就是自由进入、获取或使用的资产。尽管有时也是某一群所有者的财产，但是通常每一位单个的所有者对该财产享有不受限制的进入、获取或使用权。可以说，公共财产权制度是真正的私人财产权之无效率的替代物。私人财产权是唯一合理的财产权类型，分配私人财产权是解决公共资源过度开发利用问题的必要前提。受上述经济学理论的影响，英美法系国家和地区的法律制度如正统的经济分析一样强烈偏向于私人财产权，同时财产权即私人财产权也成了英美法系法学理论界的普遍共识，水权概念当然不包括水资源公共财产权，即国家或各州享有的水资源所有权。中国历来是一个水权公有的社会，但是，中国的这种公有体现着国家对水的政治权力。因此，在中国水资源的所有权是始终被强调的，所以说，在中国水资源的所有权是水权的基础，其他权利都是派生于所有权的。

---

① 例如，《俄罗斯联邦水法》第27条规定："除本水法另有规定外，俄罗斯公民有权自由使用水体水源满足自身需要。"《俄罗斯联邦水法》（1995年）第33条规定："水体可以属俄罗斯联邦所有，也可以属俄罗斯联邦各州、区所有。"第35条规定："所有一切水体，包括那些不属于个别市镇、公民和法人所有的零散水体，均应属国家所有制范畴。"《西班牙水法》（1985年）第48条规定："任何人都可以在不经任何批准授权的情况下，依照现行法律和法规取用沿自然河道流动的地表水，以满足饮用、浴用、家庭使用和牲畜饮用的需要。"《菲律宾水法》第13条第2款规定："水权是由政府授予的取水用水特权。"《关于华盛顿水权的常见问题》：根据州法律的规定，华盛顿州的全部水体属于公众所有而不能属于任何个人或团体所有。这都表明，水资源的所有权事实上是属于国家公有的。

五　传统水权实践（事实水权）对水权的界定

水权是一种客观存在的权利义务关系，只要有水的治理、开发和利用行为，就存在水权问题。法律上没有规定水资源的财产权利，并不等于实践中不存在财产权利关系。经济学意义上的事实水权一直是存在的。任何资源的财产权都远不是写在纸上的权利，它们实际上反映的是人与人之间在使用自然资源方面所形成的相互关系。不同的水权体系不是相互排斥，而是相互重叠，也就是说，不同体系的规则可能适用于不同的地点和时间，或被不同的团体使用。对于一个单独的用户来说，很少能够在控制、使用和处置资源方面完全拥有他们认为合适的权利。当然，关于权利束的思路是十分有用的，这就是使不同的用户和利益相关者拥有把水用于某种用途的权利，或者对他们的权利设定各种附加条件。不同的权利适用于管理体系中的不同层次需求。如一个案例所展示的，河流和主要干渠里的水由国家控制；第二级分水系统中特定分水口门以下的水则是特定用户的公共财产；而个人则对第三层次系统里的水或自己土地下的地下水享有使用权（布伦斯等，2004）。从事实水权的界定中也可以为水权的定义提供参考。

六　可接受的水权定义

水权是一种客观存在的权利义务关系，是指水资源在稀缺条件下，围绕一定数量水资源用益的财产权利；水权的客体是围绕一定数量水资源用益的一种财产权利，包括配置权、提取权和使用权三项权能；水权可以区分为广义水权和狭义水权，广义水权指所有涉水事务的相关活动的决策权，它反映各种决策实体在涉水事务中的权利义务关系；狭义水权专指水资源产权，是与水资源用益相关的决策权，它反映各种决策实体在水资源用益（例如分配和利用）中相互的权利义务关系（王亚华，2005；刘伟，2005）。经济学认为，水权概念的提出以及水资源市场的建立都是希望借助于产权理论对水资源进行优化配置，通过水资源市场实现水资源的优化配置和可持续利用。因此，尽管水权有着其自身的独特性，从产权经济理论的角度来看，关于水权定义和界定应该属于产权界定的范畴。水权以水资源所有权为中心，涉及水资源的使用权、收益权、处置权等一系列权利。在这一系列相关的水资源权属中，水资源的使用权是所有权派生的第一权利，是所有权的最直接的体现。而其中的收益权和处置权则是保证水资源所有权的拥有者拥有维护其所有权权益的有效手段。收益权和处置权也是水资源所有权的具体体现。

◇◇ 第二节　国内外水权制度理论

一　国外水权制度

国外基本的水权制度主要包括：滨岸权制度、优先占用权制度和公共水权制度。其中前两者一般称为私有水权制度，相对来说，后者称为公有水权制度。

（一）滨岸权制度（Riparian Ownership Doctrine）

滨岸权也称河岸权，最初起源于英国的普通法，经由 1827 年的 Tyler v. Wilkinson 案判例确立了其在美国东部地区水权体系中的支配地位。滨岸权是国际上现行水资源立法和管理的基础理论之一，目前主要适用于英国、法国、加拿大和美国东部等水资源丰富的国家和地区。滨岸权的精髓是：使用水的权利取决于接近水的程度，而对水的接近是通过邻近土地的所有权来实现的。靠近水或者溪流的财产所有者由于拥有土地所有权而享有水流的一定权利（思德纳，2005）。具体来说，滨岸权的基本原则体现在以下三个方面：第一，水权是依附于地权的，只要拥有毗邻河道的土地就同等的享有利用河流的权利。第二，如果土地的所有权被全部转移，那么水权也随之转移。如果只是转移了一部分与河流不毗邻的土地，则该部分土地就丧失了水权。第三，水权所有者能够使用河流中的自然水流，但是上游权利人对河流的利用不得减少归属于下游权利人的的自然流量。

（二）优先占用权制度（Prior Appropriation Doctrine）

优先占用权是在南欧（罗马法）发展起来的，美国各干旱州的立法机关采用了这一原则。主要是为了解决这些缺水地区的用水问题（Singh，1991）。其基本内容是：第一，通过法规规定的程序占有特定的水量，水愈缺乏法规就愈正规。水权可规定每年允许取水的时间。第二，缺水时，首先满足最老的水权，然后按他们占有年代先后排列，依次满足较新的水权，直到水被用完为止。由于要首先满足老水权，然后才轮到新水权用水，因此新水权的价值比老水权要小得多。第三，占有权限于把水量用于有益的使用，如果不用就失去权利。第四，水权所有者可以自由地改变他的引水地点、用途或用水地点，只要这种改变不损害其他任何人。第五，占有权允许用水和蓄水。第六，占有权可以通过特定的契约出售，而与任何土地买卖无关。

（三）公共水权制度

现代意义上的公共水权理论及其法律制度源于苏联的水管理理论和实践，中国目前也是公共水权法律制度。一般认为，公共水权包括三个基本原则：一是所有权与使用权分离，即水资源属国家所有，但个人和单位可以拥有水资源的使用权。二是水资源的开发和利用必须服从国家的经济计划和发展规划。三是水资源的配置和水量的分配一般是通过行政手段进行的。那么，由此而引出的一个问题就是，公共水权必然涉及水权的初始分配。而初始分配的原则如何确定就需要认真讨论了。

滨岸权和优先占用权以私有产权制度为基础，注重私有产权的界定，目的是为解决水权纠纷提供法律依据。而公共水权制度规定国家是水资源所有权主体，实际上为将水资源的使用纳入国家的经济计划和发展规划提供了法律基础。

私有水权制度的建立者认为，通过私人在水资源利用问题上的决策能够促进经济增长和繁荣；而公共水权制度的建立者则相信，水资源的合理利用必须通过计划管理来实现。从实践中看，在不同的历史阶段和不同的水资源条件下，上述几种水权制度对水资源管理和经济增长都曾经起到了积极的作用。但是，随着全球水资源短缺问题的日益严峻，原有水权制度的缺陷开始显现出来。例如，私有水权制度虽然在水权的界定方面是清晰的，但是缺乏引导水资源优化配置的相应机制 。而公共水权制度强调全流域的计划配水，但却存在着对私人和经济主体的水权，特别是水使用权、水计量权、水使用顺序权难以清晰界定或者忽视清晰界定水权的问题和倾向。如果所在国家处于干旱和半干旱区，水资源严重短缺的话，水权界定不明确很有可能导致严重的水纠纷，包括行业之间和区域之间争水。除此之外，单一的行政配水管理方式也会引发政府在水资源管理中的寻租行为，导致经济资源的浪费和腐败现象的产生。较为普遍的问题是用水结构长期固化，导致水资源利用效率低下，使缺水长期化，严重限制了水资源对经济发展的贡献潜力。

从国外的水权制度实践来看，可以看出存在两个基本特征：第一，水权制度存在着演进关系：从私有水权来看，优先占有权制度在不断的取代滨岸权制度。以美国得克萨斯州为例，1600 年代西班牙殖民地的时期，水权制度采用的是西班牙的土地许可制度，水权是附着在土地权上的；1840 年，得克萨斯共和国采用了英国的普通法，水权制度采用滨岸权制度；1889 年得克萨斯州制定了《灌溉法》，采用了优先占用权制度。从公有水权来看，公共水权也开始向可交易水权制度演变。第二，虽然水权制度之间存在替代关系，但是，目前各种水权制度在不同层次并存，包括不同国家之间、一个国家内部的不同流域之间以及一个流域之内的不同区域之间。那么引起水权制度演进的动力是什么? 与此同时, 造成水权制度并存的原因又是什么呢? 水权制度的这两个特征在美国体现的极为鲜明, 因此, 本文以美国为例对以上问题做出解释。

相对机会成本的改变是制度变动的根源, 因为相对价格改变会成为建立更有效率的制度的诱因, 因而一个社会的水权制度不是固定不变的, 应随着时间与外在环境的变化而变迁。开发较早的东部地区采用英国的法律, 建立了绝对所有权 (Absolute Ownership), 也就是限定水权是依附于地权的权利, 先拥有与水相连的土地, 才有取水的权利, 而取水的权利属于绝对的权利, 不受侵犯且无任何责任。可是一旦河流水量减少, 或沿岸取水量大增时, 就会发生竞争取水的纷争。比如在上游大量抽水, 下游很可能就抽不到足够的水量, 发生外部效应问题, 此时下游的土地虽然同样也依附着河流, 却受到上游的影响而取不到水, 可见依附水岸就有绝对的水权并不是很确定, 于是绝对权利在供需不平衡的压力下, 演变出合理权利 (Reasonable Ownership) 的观念。正如诺斯曾指出的, 不恰当的制度会导致无效率产权; 而制度的合理性有赖于社会广泛的 "公平理性"。当社会成员相信这个制度是公平的时候, 产权的规则和行使才是更有效的。1926 年, 美国 Herminghaus V. Southern California Edison Compact 判例, 建立了合理使用水资源的规范, 其用意是避免上游滥用水权, 损害下游的水权。但是, 目前合理使用, 并不代表未来的使用也合理, 因此, 合理所有权依然存在缺陷。1903 年美国加州提出相关权利原则 (Correlative Doctrine) 的观念。即除了合理之外, 水权的分配还需要考虑水资源的供需状况, 当用水需求大于供给时，如果所有滨岸的地主都减少用水，大家就可以共度难关；而当水资源供给大于需求时，多余的水量应该可以提供给那些需要用水的非水岸土地或厂商，以充分发挥水尽其利的目的。这是水资源在分配观念上的一大突破，也就是水权与地权，必要时可以考虑分离，如此则更能提高水资源的利用效率。绝对所有权、合理所有权及相关权利原则逐步提出修订水权，但其仍维持土地要与水资源相连接，地主才有取水的权利，所以均可称为滨岸权利原则，也就是先要有河岸地权才有水权，相关权利原则虽考虑到自然水体有多余水量时，也可分配给非河岸的土地使用，但只是一项例外而已。水资源固然是地区性的天然资源，但是以河岸作为界定用水权利，而忽视大多数非河岸土地的发展权利则是不合理的。只要沿着河流买下两岸的土地，就可以控制所有非河岸土地的利用与其价值。

美国西部开拓史中即曾有类似的垄断水源情形发生，引发不少地方性的争执与民怨，显然拥有河岸才有水权的原则是有其缺点的。美国西部随着移民人口的增加，各州纷纷放弃河岸原则，改采优先占用原则①（Prior Appropriation Right Doctrine），也就是水权与地权完全加以分开，用水的权利与地权无关。通常为了公平起见，

---

① 1849 年，加州发现了金矿，成千上万的淘金者开始蜂拥至此。水利发展的规模在美国历史上是空前的。那时候矿工们修建了广阔的水路网络来满足用水的要求。通过这些输水系统把水运送到离当地水源很远的地方。自治独立的矿工们把在开矿时使用的"谁发现谁拥有"的惯例运用到水权上。这就是加州水权法的开始。占用权原则的形成与发展得益于美国西部"淘金热"中"谁发现谁拥有"这一惯例的推广，即谁先占用了水资源，谁就优先取得了这部分水的支配权与使用权。

水权的申请尊重先登记的人先用，后登记的人后用。1855 年，优先占用权制度因 Irwin V. Phillips 判例而有法律效力，该判例规范水权为一固定的水量，而非规定一定要滨河才有水权，但是干旱时，最后取得水权者一定是最先无水可用者。1872 年 Civil Code 正式赋予优先占用权法律效力。优先占用权的准则由先来先用进而到合理优先，因为先前配水方式可能并非是未来最好的分配方式。优先占用原则认为先登记的人在枯水期不会缺水，而后登记者则缺水的风险较大，优先占用原则对用水的时间、地点、用水方式、设备、数量、用途等各方面，都要十分详细地规定，才能避免有人抢先登记水权，而占有水资源，发生屯积居奇，不但浪费而且可能谋取暴利。河岸原则可能屯积的是河岸土地，而优先占用原则屯积的则是水权，前者屯积成本较高，不易进行，后者则很容易发生。

滨岸权制和优先权制熟优熟劣并无定论，因为时代背景有所不同，难以相互比较。1886 年，美国加州曾经针对滨岸权或优先权制进行公投（Lux V. Haggin 判例），公投的结果判定优先权制度与滨岸权制度可以共存，此一判例创造了 "California Doctrine"，亦即在同一流域内有两种不同的水权制度共存，他们认为一河两制可以合理且有效益地使用有限的水资源。由于优先占用原则已将水权从地权中分离出来，水资源成为公有的另一项新资源，政府再以配给方式按先后次序分配各用水人。如此，虽然改善了滨岸原则的缺失，但却又发生取得水权者用水效率不高的情况，而未取得水权者仍然无水可用的困境。于是有些州进一步将水权加以商品化，容许水权可以通过买卖、租赁的方式进行交易，也可以以票券方式在特定的市场中进行期货交易。

从以上的分析可以得到以下启示。

第一，由水权制度的变迁过程，水资源的配置与普通经济资源的配置有非常大的差别。普通经济资源的配置，追求如何利用有限的经济资源获得更多的财富或效益，本质上是一种效率价值观。水资源的配置首先追求的是"水安全"，包括饮水安全、防洪安全、粮食安全、经济用水安全和生态环境安全。水资源配置对安全的关注，是由水资源的特殊性决定的。水是基础性的自然资源，是不可替代的生活资源，是战略性的经济资源，是控制性的生态和环境资源。水资源虽然由于稀缺性而具有经济资源的特征，但这只是水资源众多特殊性中的一方面。这决定了水资源的配置，首要追求的是安全、效率常常是服从或服务与安全需要的一种手段。水资源的配置不仅首要关注安全，也非常关注公平分配和社会文化的可接受性，这是由于水资源具有基础性和公共性，极容易引发利益冲突。水资源的配置只有在保障安全、公平分配和社会可接受的前提下，才能最大限度追求资源利用的效率。效率在水资源配置中的这种从属地位，决定了水资源的配置大大不同于普通经济资源的配置。

第二，由水权制度的变迁过程，可以看出，水权制度的变迁是渐进、逐步改变的，其中包括成文与不成文限制的缓慢演变，整个调整过程是连续进行，旧有的水权制度会影响到新水权制度的形式，这就是所谓的路径依赖。水权制度一旦顺着某一特定路径来发展，当存在报酬递增的条件，则其他路径及其他水权制度就可能被弃之不顾，因而其发展可能完全被导于某一特定的路径，而此一变迁过程即会影响到整体社会的经济成就。

第三，水资源由于具备了流动性、循环性、系统性、跨流域分布、可控性偏低等特征使得水事行为之间具有高度的关联性，从而建立、实施和保护排他性水权面临着高昂的交易成本。由此也就决定了水权的界定、明晰的过程也是新的外部性产生的过程。所以，水权界定必然会诉诸于公共权限，以维护和保证其"公共领域"的租金不被个人所侵犯（刘芳，2009）。

二 中国的水权制度

（一）中国古代水权制度

黄仁宇（2005）认为，易于耕种的纤细的黄土、能带来丰沛雨量的季候风和时而润泽大地、时而泛滥成灾的黄河，是影响中国命运的三大因素。尤其是黄河的非常规泛滥，给人民的生命和财产安全造成了极大的损害。因此，治水成为中国古代社会一项极为重要的公共事务，其历史甚至于和华夏文明一样源远流长，中国古代社会也被称为"治水社会"。黄仁宇从黄河的危害出发，提出最好有一个坐落于黄河上游的中央集权，能够动员所有的资源，指挥有关的人员，从而消除黄河泛滥带来的威胁。简单地说，就是黄河泛滥等自然因素是促使中国形成集权体制的重要原因。比黄仁宇更早的马克思和魏特夫也认为治水和东方专制之间存在内在的联系，但是，他们的视角放在了水利灌溉工程上。马克思认为东方专制社会的形成与大规模、政府主导的水利建设有不可分割的联系（赵一红，2002）。魏特夫认为东方农业文明中，农田灌溉依赖大规模的水利工程，这种文明的社会结构为"治水社会"，以专制和官僚行政体制为特征。尽管"治水社会"的理论体系遭到了人们的质疑，但是，治水对中国社会的重要作用无人否认。因此，中国古代社会发展出了一套行之有效的治水技术，建设了一大批著名的水利工程。与此同时，历代王朝也特别重视水利管理制度，尤其是水权制度的构建。从中国历史的发展进程和水权制度本身演进变化的过程来看，水权制度的变化可以划分为三个阶段：第一阶段为秦汉时朝，国家开始制定正式的水权法律制度，但比较零碎而不成体系。第二阶段是唐、宋、元时期，以国家法律为主导的正式制度极为完善和发达。第三阶段包括明、清时朝，这一时期的水权制度特点是以乡规民约为主的非正式制度占主导地位（秦泗阳、常云昆，2005）。

秦汉时期。中国正式的水权制度构建开始于秦汉时期。先秦时期为水权的萌芽时期，还没有正式的水权法律制度，但统治者意识到水事管理的重要，已经建立正式的水事管理机构，并有明确的职责（宁立波、靳孟贵，2004）。这一时期，由于水资源非常充沛，因此人们的重点不是确定水资源的归属，而是以国家的法律，特别是刑事法律禁止人们对水资源的破坏。

秦朝伊始，大兴土木，都江堰、郑国渠和灵渠等大型水利设施的建成，不仅加速了秦始皇对六国的统一，而且也惠泽了广大的百姓。秦朝的水利事业给中国后世水利事业的发展开了先河，汉朝的农田灌溉面积随着灌溉设施的兴修不断地得到扩大。秦汉时期灌溉设施建设的重点体现在工程上，灌溉设施管理的制度安排尚未成章（柴盈，2008），相应地，水权制度具有以下特点。

第一，建立了比较完善的水事管理机构。秦、汉两朝均在中央设立都水长、丞，并设太长、少府等官职，部门下设都水官。凡沿河的府、郡官员均有护理治河等职责。汉武帝时还设专官管理关中水利，哀帝时任命息夫躬"持节行护三辅都水"。汉王朝非常注意重要灌区的管理，实施点面结合，全面管理与专业管理结合，统一管理与分级管理结合的管理制度。

第二，首次确立用水、分水制度。西汉倪宽在管理关中六辅时"定水令，以广溉田"，促进合理用水。此后南阳太守召信臣在南阳"劝耕躬农，出入阡陌，……行使郡中水泉，开通沟渎，以广灌溉，岁岁增加……为民作均水约束，刻石立于田畔，以防纷争"。北魏时期，刁雍在河套地区制定新的灌水制度，"一旬之间则水一遍，水凡四遍，谷得成实"（转引自宁立波、靳孟贵，2004）。

第三，确定用水顺序权。用水顺序权也反映着统治阶级的意志，首先要满足军事需要，保证兵船的正常航行和漕粮的运输，其次才是满足灌溉用水。

唐宋元时期。唐宋元时期是中国灌溉设施建设的鼎盛时期，其特点是工程与制度并重，并形成以"官修"为主的集权型制度（柴盈，2008）。水权制度处于逐步的完善阶段，较之前一时期没有非常大的突然的变迁。

第一，正式制度与非正式制度并存，即以国家法律颁布的水事法律和地方法规及乡规民约分别出现，并发挥着不同的作用。唐朝颁布中国历史上第一部具有真正意义的"水法"——水部式，第一次以国家法律的形式确定水权。宋朝在宋神宗熙宁二年（1069）任命王安石为参知政事并主持变法，于当年11月发布农田水利法或称农田利害条约，以国家法律形式明确水权，鼓励兴水利。元朝李好文在《长安志图》中记的《洪堰制度》《用水则例》《建言利病》使中国的水权制度更趋成熟和细化，更具可操作性。

第二，管理机构更加健全，职责更加分明。唐朝在中央工部尚书下设有水部，职责是"掌天下川渎陂池之政令，以导达沟洫，堰决河渠。凡舟楫灌溉之利，咸总举之"。此外，还专设都水监，负责"掌川泽津梁之政令"，"凡虞衡之采捕，渠堰陂池之坏决，水田斗门灌溉，皆行起政令"。并根据具体情况，下设各级水官，其职权为"诸渠长及斗门长，至浇田之时，专知节水多少，其州县每年各差一官，检校长官及都水官司，时加巡查。若用水得所，田畴丰殖，及用水不严并虚弃水利者，年终录有功过附考"。吴越时代继承唐代的营田管理制度，设"都水营田使"，负责组织和指挥全国的治水治田工作，实行治涝、治旱、兴建并重，治水治田相结合的方针。宋朝设立了一套水利管理机构，像汴水这种对国家政治、经济乃至军事都有重大影响的河流，直接由国家的专门机构管理。而规模相对较大的官圩，由国家的派出机构管理，并设圩长。陂塘不论公私，都设有陂头（或陂正）、陂副；"堰"则称为"堰"首。元朝设司农司，后又改设大司农司，"专掌农桑水利"，同时，设四道巡行劝农司，"分布劝农官及能知水利者巡行郡邑，察举勤惰"。

第三，明确用水顺序权。唐朝的用水顺序是灌溉最先，航运次之，水石岂（磨）最后。在运河地段，漕运优先。"凡水有灌溉者，碾石岂不得与争利。""凡京畿诸水，禁人因灌溉而有费者，及行水不利而穿凿者，其应入内诸水。有余者则任诸公、公主、百官家，节而用之"。宋朝的用水以漕运为中心，有时因漕运而不惜毁坏许多重要的堤防堰闸。宋太宗端拱二年（989），转运使乔维岳对于有碍舟楫转漕的堤防堰闸"一切毁之"。元朝的灌区用水顺序采用"自上而下，昼夜相继"的轮灌制。

第四，确立分水、量水、节水制度。唐朝的分水原则是"均平""务使均普，不得偏并"，分水则"放水多少，委当界县官共专当官司相知，量事开闭"；节水的制度和措施在《水部式》中也有明确规定，"水遍则令闭塞""深处设置斗门节水"。宋朝的量水、节水制度见白居易《钱塘湖石记》中载"先须别选公勤军吏二人，一人立于田次，一人立于湖次，与本所由田户据顷亩，定时日、量尺寸，节限而次之"。另有资料曰"蜀引二江水溉渚县田，多少有约"。元朝的分水、量水、节水原则是以渠水所能灌溉田地的多少为总数，分配到每年维修渠道的丁夫户田。按水例，"渠下可浇五县之田九千余顷，以今屯利人夫一千八百名记之绝多补少，每夫一名为田五顷"。水量按渠道每日输送多少"徼"水量为计算标准，"凭验使人知某日为某村之水，某时为某家使用之期"。

第五，严格水事刑罚制度。唐朝《水部式》有"决泄有时，畎浍有度，居上游者，不得拥泉而颛其腴；每岁少尹一人行视之，以诛不式"。宋朝，用水日益紧张，水事纠纷增多，水行政立法、执法愈加严厉，《宋刑统》规定"诸不修堤防，及修而失时者，主司杖七十。毁坏人家，漂失财物者，坐赃论，减五等""诸盗决堤防者，杖一百""其故决堤防者，徒三年"，严禁豪强侵占、破坏水利设施。在练湖灌区，则有"盗决湖者，罪比杀人"。元朝，水事纠纷日盛，"近来水脉艰涩，所溉益寡，纷争讼阅，奸弊百出，究其委曲，故可尽言，于是民有上诉……"，为"绝讼"，元朝《洪堰制度》记载刑罚之法，"若有违反水法多浇地亩，每亩罚小麦一石……如系不作夫之家，每亩罚小麦一石，兴工利户每亩五斗""究得违反水法，不作夫之家，每岁减半罚小麦五斗，兴工利户每亩二斗五升外，据犯罪每亩笞七下，罪止四十七下"。至元九年至十三年（公元1272—1276年）间，耶律伯坚任保定路清苑县尹，"县西有塘水，溉民田甚广，势家据以为石岂。民以失利来诉。伯坚命毁，决其水而注之田，许以溉田之余月，乃得堰水置石岂"。

第六，制定收取水税制度。统治者并未将兴水利作为社会福利，取得水的使用权要交纳相应的费用，其形式可为劳役、粮食、货币。唐朝时，据有吐鲁番盆地的曲氏王朝用独占水源以供水作为一种重要的征课手段，《周书·高昌传》记载，其每城均设水曹之官，专掌渠道与水课之事。文载"谨案条例得水课麦九斗，列别如石，论识奏诸奉行"。可见，每次灌田都要记亩纳水课。这是中国最早的征水税记录。到宋神宗熙宁三年（1070），有诏曰："今来创新修到渠堰，引水溉田，种到粳稻，并只令依旧管税，更不增添水税名额"，可知，宋时也开征水税。

明清时期。明清时期尤其是清朝中后期是灌溉设施建设发展波动时期，"官修"的集权制度经历了"官民合修"的混合制度向

"民修"的自治制度转变。这一时期在机构设置上也有专门的水事管理机构，雍正年间，水利机构称"水利厅衙门"，但涉及水事的国家法律则较少。这一时期的水权制度较之前一时期有鲜明的特点。

第一，水权交易行为开始出现。从唐到明清，国家都明文规定禁止水权交易。如乾隆七年，晋祠灌区规定，"止许浇有例地亩，不许沿河贿卖"（左慧元，1999）。光绪《泾阳县志》载："（各渠）甚有私卖、私买、徇情渔利等……倘有抗违，立即重责、枷号，并随时稽杏""此渠之水私自卖与彼渠，此斗卖与彼斗，得钱肥己者，此为卖水之蔽，犯者照得钱多寡加倍充缴归公。更有将本渠应受之水，或同水已敷用，让与他人浇灌，俗为情水，此系彼此通融。虽无不合，究系私相授，易滋流蔽，犯者亦照章罚麦五斗"（饶明奇，2009）。但是，实际上，明清时期关中、山西等不少灌区已经存在水权交易。《清峪河龙洞渠记事》"利夫"条中记载了渭北引清、引冶和龙洞渠几个灌区水权单独买卖的情况：源澄渠旧规，买地带水，书立买约时，必须书明水随地行。割食画字时，定请渠长到场过香……不请渠长同场过香者，即系私相授受，渠长即认为卖主正利夫，而买主即以无水论。故龙洞渠有当水之规，木涨渠有卖地不带水之例，而源澄渠亦有卖地带水香者（水香即水程，明清时有些灌区以点香时间为水程单位），仍有卖地不带水香者，亦有不请渠长同场过香者，故割食画字时有请渠长同场过香者，乃是水随地形，买地必定带水，不请渠长过香者必是单独买地，而不带买水程。故带水不带水之价额，多少必不同。《清峪河龙洞渠记事》

还记载，在龙洞灌区，"地自为地，而水自为水，故买卖地时，水与地分，故水可以随意价当，……地可单独卖，水亦可以单独卖"，而且这种情况在关中各灌区"大体如此"（萧正洪，1998）。这里所交易的水权实际上仅是水的使用权。

水权是和地权紧密地结合在一起的，水权在一定程度上从属于地权。明清尤其是到清朝后期，虽然封建地主土地所有制没有改变，但地权开始分散到更多的农户手中。此外，人口规模的激增，使土地资源愈加稀缺，其价值与价格也日益抬升，因此，水资源的价值也随之提高，所蕴含的潜在利润明显增加。这样水权的买卖不可避免地开始出现，"正是获利能力无法在现有安排结构内实现才导致了一种新的结构安排（或变更旧的制度安排）的形成"（林毅夫，2000）。

第二，非正式制度占据着这一时期水权的主导地位。清朝中后期，从灌溉设施建设主体和资金来源来看，灌溉设施建设出现了以下变化：一是民间自治的"民修"灌溉设施勃兴；二是官方集权的"官修"灌溉设施逐渐趋向民间修建，即官民结合的混合制度（柴盈，2008）。在"民修"为主的自治制度之下，用水户自发形成的非正式制度——乡规民约（包括《水册》《渠册》《水令》等）成为水权制度的主体。以清末山西地区的通例渠为例，《通例渠册》是针对具体的灌溉设施——通例渠而形成的渠道和水资源管理及运行制度，其中，规定了灌溉组织的结构、合渠绅耆的权力地位、水利组织的权限及其内部关系、水利组织的运作模式、灌溉设施的维护保养、用水和分水次序以及违规的惩罚措施等细则。非正式制度包括灌溉组织机构的行政运行制度、设施维护与保养制度、用水制度、奖惩措施等（周亚、张俊峰，2005）。又如，在《广济渠申祥条款碑记》中，明代广济渠的管理者袁应泰"岁久滋弊"，与民商约订立6条管理规则："明河基，以防侵占"；"定渠堰，以均利泽"；"泄余水，以免泛滥"；"设闸夫，以便防守"；"分水次，以禁搀越"；"栽树木，以固堤防"（张汝翼，1986）。

第三，保证灌溉用水优先，而且详细规定用水顺序和分水原则、分水办法。随着人口增加，需水量日益增大，加上自然条件恶化、缺乏大型水利工程等原因，黄河流域航运功能日渐萎缩。黄河流域的灌溉用水的优先地位日益显现出来，主要表现在：开挖渠道的优先权。在水渠口和渠道经过之处，如需土地之时，"有便宜购地开口之权""一经本渠插标洒尺开挖之处，该管地方官照章给价，所开之地内不论现种何等禾苗，立即兴工，不得刁难指勒，有违阻者，送官究治"。对侵占渠地者，严惩不贷。限制水磨的使用。通利渠将渠中原有水磨登记造册，永不允许新建。"本渠各村原有水碓，嗣因渠水无常，历久作废，此后永不准复设，致碍浇灌。违者送究。"渠册还对水磨使用时间作了限定。"各渠水磨系个人利益。水利关乎万民生命，拟每年三月初一起，以至九月底停转磨，只准冬三月及春二月作为闲水转磨。每年先期示知，若为定章。违者重罚不贷"（孙焕仑，1992）。为保证灌溉用水秩序，各地渠册、水册等资料中对用水顺序的记载十分详细。仅《洪洞县水利志补》和关中各地方志就有"自上而下，各节不同日""自下而上，挨次浇灌""一年自上而下，一年自下而上""并排浇灌""轮流浇灌""换灌溉"等不同的规定，而且一旦确定，一般不予变动。山西晋祠灌区在明嘉靖二十二年规定，"每遇使水，挨次密排，自上而下，如浇尽上程地亩，方浇下程"（转引自饶明奇，2005）自上而下的秩序，符合水流的常规，但轮到下游用水时，往往水势较弱，可能出现因浇灌不足而使下游利户利益受损。为了解决这一问题，各灌区对全渠灌溉时间进行详细分配，如明万历年间河南闵乡县知县郑民悦为盘头渠订立水规规定，赵村分水一日一夜，上坡头分水二日二夜，鹿台分水四日四夜，盘头分水八日八夜。每年二月初一起，先盘头，次鹿台，次上坡头，再次赵村，十五日一轮。清乾隆十二年鹿台村与上坡头又兴词讼，经知县判令河东地亩从上坡头的二日水份中浇灌，河西地亩从鹿台村的四日水份中灌溉（转引自饶明奇，2005）。

采用自下而上的浇灌顺序，主要目的是避免下游水少带来的不公平。自下而上照顾到了下游的权利，但又与渠首灌溉优先权相矛盾，尤其在水量不足且急需用水时更为突出。为解决这一问题，有的灌区采取折中的办法兼顾上下游。随耕地的集约化经营，灌溉技术日益提高，分水、用水管理更加科学。在明广济渠引水闸室侧门顶有"利则均衡"4字，乃该渠用水管理的核心思想。清朝时水量的分配以"水程"为单位，水程是水流的时间限定，在过水面积一定的情况下，水使用量的多少也就确定了。在汾河、渭河流域的灌区规定过水截面为"坊土追村陡门一座，高三寸八分，阔五寸五分……"，关于水程分配的记载很多，如"冯堡村一十二夫，使水六日。周村兴十一夫，使水五日……"，用水管理实行更科学的

"水册制",即是在官方监督下,由所涉及渠道之利户在渠首主持下制定的一种水权分配登记册。

第四,享受水使用权和承担水民事责任相一致。明清时代继续坚持前代的水权原则,这些原则之中的共同之处是使用权的取得必须承担相应的义务和责任,否则获得的水权也可能丧失。这些责任和义务包括:首先,参与工程建设的人自然有权获得使用权。其次,一个已经获得使用权的农民,如不能继续履行出工、出料、出钱等义务,他可丧失使用权。在渭河、汾河流域和宁夏、河套平原的各种文献中都能发现类似的规定。即使是获得特权的权贵阶层也不能例外。再次,在行使自己灌溉权时不能损害他人的用水权。山西霍山灌区规定,在灌溉村社中,水權村优先,但水權村只能使用规定的灌溉水利工程,不能另开渠道截流灌溉,见"明嘉靖三十八年霍陶唐谷有王泉水利簿"。另外,渠首村不能用洪水漫灌威胁水權村用水,见"明嘉靖十七年再刻小间柏乐二村碑刻记"(蓝克利,2007)。最后,种植作物类型要符合灌区水量条件。如汾河流域清泉渠渠例规定:本渠自来人渠地土,并是麻菜麦黍谷田,不许栽种莲蒲稻。除认禄外,违者罚米一石……不服者申官治罪,重罚实行。

总体来看,中国古代的水权制度有以下几个特点。

第一,中国古代的水权制度都是基于水利工程(主要是灌溉工程)而产生的,用水顺序突出农业灌溉。在中国古代,天然水资源的供给量远远大于用水需求,工程稀缺是造成水资源稀缺的主导因素,因此,水权问题主要局限在水利工程供水范围之内,水权的分配主要是农业灌溉用水权的分配。

第二，"均平"是贯穿古代社会灌溉用水权分配的总原则。平均分配、均衡受益的思想见于历朝历代的各种水事法规和地方志之中。在均平思想的指导之下，古代灌溉分水主要依据土地的数量和等级，考虑土地的灌溉定额和土地数量就可以得出相应的水量。虽然历朝灌溉制度不尽相同，但"以地定水"一直是内在的基本分配原则。

第三，"申贴制"、水册制是水权管理的核心。所谓"申贴制"就是渠系管理人员根据利夫种植面积、所需水量、水流量等因素，向渠司申请用水，官府发给"申贴"，授予水权。这一制度，类似现代的用水许可证制度，与没有任何限制的用水权相比，提高了水资源利用效率，标志着水权制度的完善。但这一制度本身也有明显缺陷，因为水资源并不是一个固定不变的常量，它会随气候、植被等生态环境的改变而改变。同时，利户种植的作物不同年份，也有变化。因此，利户的水权限额是较难确定的。所谓水册，"是在官方监督之下，由所涉渠道之利户即受益人在渠长主持下制定的一种水权分配登记册"。水册是水利管理机构根据土地数量、税负，所制定的用水簿。一般存放在民间水利组织，不向外公开，只有发生水权纠纷时，才会拿出来，作为处理水权纠纷的依据。由于水权是按土地数量、等级确定，因而，水册在登记水权时，要首先登记土地情况。可以这样说，在一定意义上讲，水册就是土地清册，反映了附有水权的这部分土地的权利义务关系。所以，水册具有地方水权行政法规的性质。在水册制下，利户不需要每年向地方政府或水政部门申报用水计划。同时，用水限额或水权限额是固定的，而不会经常变化；就其实质而言，二者都是政府授权予水权的证书。水册登记的内容，因灌区不同，会有一定差异。水册制取代"申帖制"，增加了水权管理中法规管理的成分，与"申帖制"单纯的行政管理相比，更有利于维护水权人的权利。正因为如此，水册制度确立后，就成为中国古代水权管理的主要形式。直到现在，一些地方仍然沿用这一形式，进行水权管理。

第四，设立专门机构，负责水权管理。早在先秦时期，就出现了兼有水权管理职责的水官。秦设都水长、丞，主管陂池灌溉、河渠修防。汉承秦制，朝廷太常、少府、水衡都尉、京畿三辅，设都水官。后设左、右都水使者，统领中央机构水利官员。隋朝，工部下设水部司，为四司之一，官员称水部郎中，主管水部事务。唐代沿袭隋制，工部及其所属水部司为掌管水权的政务机构。另外，唐朝改隋朝都水台为都水监，置都水使者二人，下辖舟楫、河渠二署，负责京畿渠堰陂池维修、用水管理、舟船漕运等。宋以后，水权管理机构不断完善，促进了水利事业的发展。

第五，水权以相应工役为前提。用水利夫，每年必须抽出一定时间从事渠堰维护、加固等工役。其具体数量依受水面积而定，不同灌区数量也有差异。如果用户长期不出工役，就可能失去水权。明清时期，以工役补贴作为用水的条件。因此，明清时期，要拥有水权，就必须承担一定工役，如参与工程建设、交纳水费、分担水渠维修、维护费用等。

第六，水权始终依附于地权。水权与地权紧密地结合在一起，没有离开地权而存在的水权。在封建时期，国家田赋与水权紧密的挂钩。一般而言，水田赋税要高出旱田 20%—29%。多出部分，实际上就是水权费用。因此，国家为了保证这部分额外赋税，而不负担多余行政成本，最简单的做法就是让水权和地权结合在一起。因此，在实际生活中，佃户承租土地，如果是水田，毫无疑问，他也同时取得了附属于土地的水权。明清之后，随着资本主义萌芽的发展，土地买卖日渐频繁，也使水权买卖成为可能。当时，水权买卖的原则是"水随地行"。当时，人们习惯将水权交易称为"过水"。清代中期以后，水权交易在不同灌区有不同表现形式。有的灌区，如清峪河工进渠，渠水只可用于有水权的土地，即使该块地用不了，有多余之水，但也不能将其转用于自己另一块没有水权的土地；而有的灌区，如清峪河澄源，水权可灵活运用土地所有人的所有土地，并可合理安排其使用时间、流量。清末，水权与地权的分离就更加明显了。在这种情况下，水权就无法起到确定土地面积和水权限额的作用了。这一变化，使得某一灌区土地面积与水权限额之间不再是一种对应关系，因为土地面积和水权都在变化。虽然，水册仍然继续存在，但是，单独水权册的出现就成为必然趋势。当这一过程完成的时候，也就意味着，水权成为一种独立的财立权利，水册的作用也就减弱了。总体上，水权没有脱离地权。

　　中国古代水权制度具有强烈的路径依赖性。水权制度的变迁过程与国家的强制推行有关，但通过研究可以发现，尽管中国古代朝代更迭，但整个水权变迁过程却是缓慢而连续的，表现出强烈的路径依赖。因此，水权制度的制定，既要借鉴国外先进的经验，又要继承中国古代比较成熟的法律制度。

中国古代的水权制度以国家正式制度为主，以乡规民约等非正式制度为补充，但不能忽视乡规民约这些非正式制度在克服"政府失灵"和"搭便车"现象、降低交易成本等方面的特殊作用。国家作为制度主要供给者，当起到应有的制定用水制度的作用。中国现行水事制度存在着严重的不均衡现象，现行的水事制度大都内容空洞，只有原则性的规定，而缺乏可操作性的细则，各种制度之间还可能存在冲突。国家应充分发挥其强制力方面的比较优势，采取各种措施制定和完善各种水事法律、法规。

制度变迁理论表明，一项制度能否实行，不仅取决于新制度安排的收益，也取决于制度变迁的成本。一项新制度能否实行，在一定程度上取决于利益各方的接受程度。国家在制定水事法律、法规时，应考虑各方利益，减少执法的阻力。制度变迁的重要原因是当市场或资源条件发生变化后，即要素相对价格发生变化后，旧的制度下存在着潜在的利润，如果不进行制度变迁，潜在的利润就难以转化为现实的收益，从而导致效率的损失。改革开放以来，中国经济、社会发展变化很快，水资源日益短缺，水资源的相对价格发生变化，如果不进行制度方面的改革，将会使用水供需发生更大的矛盾，导致更大的损失。技术变迁和制度变迁有着密切的关系，技术变迁不仅导致要素相对价格的变化，也可以使制度设计成本和运行成本降低。随着现代科技的发展，测水、量水设备的改进，使水的准确测量有了技术保证和物质前提，能降低节约用水、水利工程设计、运行和使用的成本，这为制定更加详细的水事法律法规提供了物质基础。

严格的执法是节约用水的关键。从古代水权制度变迁的历史来看，即使有详细的用水制度，如果没有相应的严格的执法，制度的效果也不能发挥出来。当前，中国水事执法相当薄弱，存在着有法不依的现象，这严重地影响了水事法律制度的效力，应大力加以改善。

（二）中国近代水权制度评价——民国时期的水权制度

20 世纪 20 年代末期，中国的水利建设事业进入了一个相对较快的发展期。但不久，由于来自日本的侵略威胁日益增强，国民政府的注意力转向了国防领域，水利建设事业总体上受到了国家的忽视。可是，出于建设大后方的战略考虑，国民政府还是有计划地在西部尤其是西北地区重点实施了水利建设。但是，这一进程很快又被日本的全面侵华战争所破坏，总体来看，民国时期中国的水利建设举步维艰。即便如此，民国时期的水利建设依然是中国水利史上一个承上启下的阶段，开启了中国水利事业从传统到现代转变的进程（李勤，2005），而 1942 年《水利法》的正式颁布实施更是具有划时代的意义。民国时期的《水利法》是中国第一部建立在近代水利科学基础上的国家级法规。特别是水权部分①。既具有该时代的

---

① 民国《水利法》在开始酝酿制定时，就对水权很重视。当时水利界对水利立法的认识，是以水权法作为水利法的重要组成部分。《水利法草案》公布后，各水利机构在《草案》修改意见中对有关水权的条文提出了许多具体意见和建议，如要求明确规定用水为公共用水、灌溉、水运、工业用水、其他等序列，水权不得任意撤销，这些在后来颁布的《水利法》中得以采纳。修改后正式颁布的《水利法》共 9 章 71 条，其中关于水权的就有 2 章 28 条。可见水权无论在制定和正式颁布过程中都占有十分重要的地位。

特点，又承继了传统，借鉴了西方水权概念，首次在中国提出了水权的定义。总体来看，该法对水权的各种制度安排是具有超前性的。可以说，民国时期的《水利法》对中国传统的水权制度构成了一次较大的冲击。那么，结合《水利法》来看，这些冲击表现在哪些方面呢？换句话说，民国时期水权制度具有哪些特点呢？

比较明确和具体的水权制度内容包括以下方面。第一，将水资源所有权界定为国家公有。民国时期实行的是公有水权，私人所有的只是使用权，收益权等权利。如"五五宪章"（1936 年）第 118 条规定：附着于土地之矿及经济上可供公众利用之天然力①，属国家所有，不因人民取得土地所有权而受影响。《中华民国宪法》（1946 年）第 143 条第二款有相同的规定。《中华民国宪法》（1946 年）第 108 条规定：二省以上之水利，河道及农牧事业，由省立法并执行之或由省县执行之。又如，1932 年颁布的《陕西省水利通则》规定：本省区域内一切地上、地下流动之水，除凿开窑池塘，得随土地所有权外，俱为公有。民国公有水权的规定有其深刻的历史和现实原因。从历史上讲，中国自古以来一直实行的是水资源国家公有，这为民国时期的水资源公有提供了依据。从现实情况来讲，它符合当时的国际潮流。近代以来，西方先进国家开始实现国家对水资源全面规划、统筹兼顾、综合利用与保护相结合的水资源国有化管理政策。而民国政府制定《水利法》的官员大都是留学回来的、具有丰富的水利知识和法律知识的新派人物，如李仪祉、茅

---

① 这里的天然力中就包括水资源。

以升等。他们对国外新知识了解较多，并且他们都是行政院水利委员会成员，对《水利法》的制定起着决定性影响。因而在这种条件下制定的民国《水利法》就能符合国际趋势，具有前瞻性。但是，《水利法》中没有明确规定水资源所有权归国家所有，这一点可以看作是民国水权制度的纰漏。

第二，水权内容界定十分清晰。《水利法》上讲的水权是指依法对于地面水或地下水取得、使用或收益之权（转引自秦泗阳、常云昆，2006）。它仅指水的使用权和收益权等权利，个人并没有所有权。水使用量权的规定是水权的重要内容，《水利法》和许多地方的水事法规中都对水使用量权做了规定。例如，《水利法》第十四条规定，企业和个人取得的用水量应以其事业所需为限。第二十二条规定，共同取得之水权，因用水量发生争执时，主管机关得依用水现状重新划定。《陕西省水利通则》和《陕西省泾渠灌溉管理规则》中对水权的界定更为具体。例如《陕西省水利通则》规定：旧有渠道，因水源出没不定，或水量增减不定，或地形改变及其他不可抗力，水资源不能满足使用时，在未经主管机关勘定处置以前，仍应按水程旧规比例灌溉。《陕西省泾惠渠灌溉管理规则》载有引水量方面的详细规定。例如，泾惠渠标准给水量为19立方米/秒，各渠用水量依照各渠应灌农田面积由管理局规定，如泾河水量甚小，以致不能引足标准给水量时，应依照规定比例分配（转引自秦泗阳、常云昆，2006）。

第三，详尽规定了用水顺序权。民国时期的用水顺序和中国古代历史上的规定有许多相似处，但更具有现代特点。《水利法》第三章规定的用水顺序如下：①家用及公用给水；②农田用水；③工业用水；④水运；⑤其他用途。省市主管机关对于某一水道具体的用水顺序，可以按照当地具体情形，呈请中央主管机关核准变更。《水利法》还对水量不足、盈余等特殊情况下的用水顺序作了专门规定：水源之水量不敷家用及公用给水，并无法另得水源时，主管机关得停止或撤销第一顺序权以外之水权，或加以使用上之限制。凡登记之水权之水量不足，发生争议时，先取得水权者有优先权。同时取得水权者，按水权状内额定用水量比例分配之，或轮流使用之，其办法由主管机关定之。主管机关会根据水文资料，认定由某一水源机关决定之；认定某一水源除满足各水权人之需要外尚有余水，允许其他人暂时取得临时使用权，如水量突然不足，先取消临时使用权。公共事业用水先于私人用水，"主管机关因公用事业用水的需要得撤销私人已登记之水权，但应酌予补偿"（转引自李勤，2005）。民国水事法律不仅在宏观层次上规定了用水顺序，而且在具体的微观层次（灌区）也有用水顺序权的详细规定。例如，《陕西省泾惠渠管理规则》中规定：各引渠口及各段农田灌溉水口之开启，均须当渠水流至该渠渠尾后，由上而下依次开启，如引渠口或灌溉水口在同一地点左右并列，不分上下时，应先左后右，农民不得截流偷水。

明确的用水顺序权和水使用量的规定，是对水权（水使用权）界定的量化和补充。由于水是流动的，界定水使用权必须通过量化来界定。只有通过这种方式才能度量使用权的大小。水是液态的，自然界中的水大都是川流不息，稍纵即逝，一旦用完，在短时间内很难迅速补充。水又是动植物生长不可缺少的重要物质，动植物即使短时间缺水也可能导致减产或死亡。对农作物来说，灌溉水错过季节是毫无用处的，这些都决定了用水顺序的重要性。在某种程度上说，用水顺序权其实就包括在水使用权之中。

第四，明确了水权的取得、变更、转移和消灭。民国时期水权的取得采取申请登记制度。如《水利法》规定：水权之取得、设定、转移、变更或消灭，非依本法登记，不生效力。主管机关应设置水权登记簿。水权获得主体的资格是具有中华民国国籍的人，水权登记的主管机关是各级政府。水权登记，应向县政府提出申请，"但水源经流在两县以上者，应向省政府为之。在两省以上者，应当向行政院水利委员会为之"（转引自李勤，2005）。《水利法》、民国《水利法实施细则》和《水权登记规则》还详细规定了水权登记的规则。水权登记程序是：由权利人及义务人或其代理人（共有水权由共有人联名或推代表）向主管机关申请，主管机关勘查核定后，发给水权证并登记公告。水权申请人在申请水权时应提交一系列文件，如：申请书或水权状、其他依法应提出的书面证据、图表、申请人的委托书等。申请书应载明必须记载的事项，包括：申请人及证明人的姓名、籍贯、年龄、住所、职业、水权来源、水权标的和日期及其他应记载事项等。主管机关在接受申请后，应立即审查并派员勘查，如果认为符合规定，则予公告并通知申请人。如不符合要求，或在申请登记前已发生诉讼事件，应予补正，待诉讼终了后才予公告。公告应载明的事项包括：登记人的姓名，水权所在地、登记的原因、水权标的、申请日期，提出异议的期限。当利害关系人不提出异议或异议不成立后，主管机关应给予水权状。水权状包括的主要内容是：水权人姓名，水权标的、日期及申请日期等其他应记载事项。当自然条件发生变化或共同水权因水量纠纷引发诉讼时，水权会发生变更。"水道因自然变更时，原水权人得请求主管机关就新水道指定适当取水点及引水路线，使用水权状内额定用水量之全部或一部"（转引自李勤，2005），共有水权因水量发生争议诉讼时，"经主管机关重新划定用水量并进行相关的水权变更登记手续"（转引自李勤，2005）。民国时期，水权转移已经被法律许可。经行政院批准的《陕西省泾惠渠管理规则》中规定，渠长有查报本支渠农民用水权的注册及水权转移的任务。《陕西水利通则》允许水使用权转移。用水权还可以继承，继承的水权也应到主管机关申请并重新核定。为了合理用水，《水利法》还对水权的消灭作了明确的规定：水权因连续两年不用或因公共需要而消灭，临时水权因水量不足而取消。水权取消后，应公告并由权利人或义务人缴还水权状。

强化政府在水权管理中的地位。民国前期水利的使用虽然必须经过政府允许，但是具体的用水时间和灌溉亩数则由传统的水程来规定。民国中后期，水利制度逐渐趋于等级化和系统化，政府机构在水利系统的运作之中扮演着越来越重要的角色。1932年7月，内政部部长黄绍雄，会同蒋介石，提案中央政治会议，请改组全国水利行政机关。"水利行政，关系民生，至为重要""水利系统既形庞杂，职权自难专一，水利经费，多糜于机关开支，水利设施，更无从通盘计划。历年以来，曰言兴水利，而利卒未兴，曰言防水灾，而灾迄未减者，职此之故"。必须"将现有水政机关，改弦更张，彻底整理""水道犹脉络也，一部不通，则全体阻滞，是以治水之道，贵在统筹，是权固应转移，疆域尤忌划分"（转引自李勤，2005）。1933 年，全国经济委员会成立后，政府就着手在三个等级统一水利行政：全国经济委员会为中央级水利行政机构，省建设厅指挥各省水利工作，县政府负责各县水利工作，省、县政府受全国经济委员会指导。此外，在四个重要区域，各设一水利委员会，即华北水利委员会，黄河水利委员会，扬子江水利委员会和淮河水利委员会。这些委员会受全国经济委员会监督领导，具体负责防洪的治标、治本工作。1934 年 7 月通过了《统一水利行政事业进行办法》规定以全国经济委员会为全国水利总机关。9 月颁布全国水利委员会组织条例，12 月 1 日，接收导淮委员会等，全部移交全国水利委员会。"水利行政统一乃告实现"（转引自李勤，2005）。

民国 33 年由行政院核准发布的《陕西省泾惠渠灌溉管理规则》规定：泾惠渠之用水权由管理局以用水标的，依水法分别向主管机关申请登记，在灌溉区域之农田非经呈管理局注册，不得引水灌溉，其注册办法另定之；泾惠渠渠水仅供给灌溉旱禾农田，并以夏秋禾各半为原则；泾惠渠标准给水量为每秒 19 立方米，各渠用水量依照各渠应灌农田面积由管理局规定；引水时期，进水闸、分水闸如按灌溉面积及用水情形，由管理局规定开度；各干支渠斗门启闭时间，由管理局分段自下而上随时视各该斗应灌面积及斗门流量规定公布，并于每次给水前书面通知各该斗长；各斗农田每亩用水时间，由该管水老会同斗长遵照各该斗门启闭时间，并视各斗地势与农田多寡分段规定通知渠保依据分配，各农民用水以上段用水时略少于下段为原则。

基层实行民主管理。虽然政府在水权管理中的地位被强化，但是灌区内的民主管理并没有被放弃。《陕西省泾惠渠灌溉管理规则》规定：管理局下设若干协助行水人员（管理人员）。协助行水人员主要有：渠保、斗长和水老等。渠保由农民公推或轮流担任。斗长由渠保公推，任期一年。水老由斗长公推，任期两年。这些灌区管理人员最终由管理局委任。担任水老的人必须符合一定的条件，例如德高望重、身体健康、以农业为生、非现任官吏或军人等。《陕西省泾惠渠灌溉管理规则》还规定了灌区管理人员的各自的职责范围、渎职或违法行为的惩罚以及他们的待遇等。民主管理的最高权力机关是水老会议，其职权是决定一些重大问题（如修改章程等），决议通过后经管理局审批。

完善的水行政立法。《水利法》对破坏水利工程、未取得水权和未经主管机关许可而私开河道等行为的处罚作规定。《水利法》及《水利法实施细则》对水事违法行为惩罚的规定十分宽泛，但地方上制定的水行政法规都十分详细和明确。这集中体现在《陕西省水利通则》和《陕西省泾惠渠灌溉管理细则》中。在《陕西省水利通则》的"奖惩"一章中，对各类违反水事法律、法规的行为作了原则的规定：①对偷水、盗水等侵犯他人水权的行为，应处以停止其用水权一至五次，或二至七日。这些行为包括：不按水程规定灌溉，或弃水废渠的；私增灌溉地，私自用水，截浇偷溉，分渠让利的；私自买卖水；暴力夺取用水、或私占霸蓄；私种需水多的作物的等。②因重大过失，破坏水利工程、或冲毁道路的，由水权人负责赔偿。③对私自改变河道，损坏保护渠堤树木等行为处以罚款。《陕西省泾惠灌溉管理规则》中的"罚则"一章则在《陕西省水利通则》的"罚则"的原则规定下，更加详细地对各种违法行为的惩罚措施进行了规定。

非正式制度安排仍起主要作用。尽管国民政府颁布了《水利法》，但民国时期的水权制度，特别是灌区用水管理大都继承了历史上的用水习惯。《水利法》第一条规定：兴办水利事业、水利行政管理应依据《水利法》的规定来进行，如果当地的用水习惯和《水利法》不相符，但又不相矛盾时，应该遵从当地的历史习惯。《陕西水利通则》也明确地规定：当历史用水习惯和水利法规不一致时，当地水利主管部门应当根据水利法规和用水习惯，结合当地的具体情况，重新做出规定。这种规定实际上是尊重了当地的历史习惯。民国初年颁布的《河套灌区水利章程十条》以及在1923年颁布的《宁夏灌区管理规则》，其内容大都直接来源于当地用水习惯。1944年，李仪祉先生主持制定的《陕西省泾惠渠灌溉管理规则》则更能说明这个问题。现摘录若干条，供参考："泾惠渠水，仅供给灌溉旱禾农田，并以夏秋季各半为原则。"这和宋、元、明、清时期的用水制度一致。"管理局就实际情况划分各渠为若干段，各段设长老一人辖斗口若干，每斗设斗长一人辖村庄若干……""水老任期二年，斗长、渠保任期一年。得连选连任。"第五章"灌溉"一节中，用水规则几乎和历史上其他时期用水惯例相同。"灌溉农田不得在斗渠分渠直接引水，均应另修引渠开口灌溉。""各引渠口及各段农田灌溉水口之开户，均须俟渠水流至该渠渠尾后由下而上依次开启……不分上下，先左后右，农民不得截霸偷用。"这些规定多和历史上的用水惯例相同。这些用水管理办法都是灌区人民几千年来经验的总结，它和当地的自然环境紧密地联结在一起，成为当地人文环境的一部分。直接运用这些为当地人们熟悉的用水管理办法，能减少学习成本，减少制度实施的摩擦，节约交易成本，提高制度运行效率。

综上所述，民国时期的水权制度可以总结为：水资源归国家所有，水权界定清晰，用水顺序权有明确规定，水权取得、变更、转移和灭失规定十分明确，灌区管理是在政府的统一领导下实行民主管理，水立法较完善。非正式制度安排仍起主要作用，而且大多继承了历史上的用水习惯。虽然民国时期的水权制度已经较为完备，但是，水权并没有得到很好的尊重，水资源的调配依然主要依靠行政力量。

（三）新中国成立以来的水权制度

1949 年，中华人民共和国的建立使中国的水利制度发生了翻天覆地的变化，在此过程中水权制度也进行了重构。新中国成立以来的水权制度又是沿着什么样的路径在演进呢？

计划经济时期的水权制度。新中国成立后，首先提出公有水权的基本原则。1949 年 11 月当时主管全国水利行政和建设的水利部在北京召开各解放区水利联席会议，时任水利部部长的傅作义在开幕词中提出："所有河流湖泊均为国家资源，为人民公有，应由水利部及各级水利行政机关统一管理。不论人民团体或政府机构举办任何水利事业，均须先行向水利机关申请取得水权——水之使用权和受益权。"[1] 这表明新中国成立以来水资源的所有权初始安排就是国家所有，这是国家对水资源实行开发管理最重要的基础，也表明中国对水资源实行统一管理。但当时由于受"重建轻管"倾向的影响，这一制度没有得到较好的实施。黄河水资源的使用权被置于"公共领域"，不具有排他性，就会刺激流域内各用水主体获取更多的水资源，水使用权的行使就会产生负的外部性。1950 年，黄河水利委员会由 3 省治黄联合性组织改为黄河流域性机构，统一负责黄河全流域的开发与治理，结束了历史上黄河分区治理的局面。黄河水利委员会改组为整个黄河流域性机构，有利于后来黄河各项具体水权制度的建立和水资源的统一管理。

黄河流域首次配水量权方面的制度安排在这一时期出现。由于黄河流域各省（区）的工农业迅速发展，引黄水量增加，有些省（区）在需水旺季用水难以满足。因此上下游有关省（区）就用水问题协商达成协议，原则分配了各省（区）的引水比例。1954 年对全河远期水资源利用进行了分配，当时黄河天然年径流量 545 亿立方米，除去工业及城市生活用水、远期规划的水库蒸发损失等，下余 470 亿立方米为灌溉用水。各省（区）的分配水量权也作了明确的界定，这是新中国成立以来黄河配水量权制度的开端，但这一配水原则在当时没有得到强制实施。

从 1958 年开始的 3 年"大跃进"，黄河正式水权制度的建设极

---

[1]　新中国 50 年水利大事，http：//slsd. wztelecom. zj. cn/slsc/history/hs1999. htm。

少。当时由于出现灌溉高峰季节的用水紧张，在正式制度方面主要界定了上、下游几省分别的配水量权和用水顺序权。在下游地区，1959 年黄河水利委员会初步界定河南、山东、河北枯水季节配水量权：以秦厂（相当于现在的花园口）流量 2:2:1 的比例由这 3 省分别使用。1961 年界定了其用水顺序权：首先满足农业，然后照顾其它用水。在上游地区，1960 年规定宁夏、内蒙的配水比例是 4:6。1961 年，界定了宁夏、甘肃、内蒙古的用水顺序权：首先满足包头钢铁公司，农业灌溉次之。但在执行中，人们依然大引大灌，而下游地区有灌无排，致使大面积土壤发生次生盐碱化，从而出现引黄灌溉边际收益的显著递减。1962 年，下游地区被要求暂停引黄，复灌后在此阶段未再进行分水，而上游的配水原则实施了几十年。黄河上、下游首次在用水顺序权方面的制度安排分别将工业、农业用水放在首位，说明当时中国注重工农业的大发展，还较少考虑到取用黄河水对生态的影响。

总之，1949—1977 年的黄河水权制度在所有权的确立、统一管理、分流域配水和用水顺序权等方面曾有一些正式制度安排，为黄河的全面治理和开发利用做出了开拓性贡献。但是纵观这一时期的水权制度，我们可以清晰看出它是一种公共水权制度，也能发现当时黄河流域用水大户——农业灌溉用水的水权制度仍以非正式水权制度约束为主。从人们取用黄河水以来，由于水量十分充裕，只能控制和利用其中很少一部分，大部分任其自然流动，是一种自由取用物品。非正式水权制度安排是无形的，但却有力地支配着人们的取用水行为。这一时期，由于黄河水量供给相对充裕，且引黄灌区的渠系均为泥土质，下渗流失严重，再加上只是界定了大范围笼统的配水量权，还没有对各家各户的水使用量权予以明晰分配，也无从谈及对其进行检测监督，因此缺乏改变人们水意识和用水习惯的制度环境，也就是说，人们依旧遵循着自己古老的水意识和用水、取水习惯。这种水权制度对用水浪费难以起到约束作用。总而言之，这一时期的黄河水权制度是公共水权基础上的非正式水权制度安排，这种制度安排难以起到对浪费用水的约束作用和节约用水的激励作用。

改革开放以来的水权制度。20 世纪 70 年代后期开始，黄河水供需矛盾日益尖锐，下游河道频频断流，上游地区用水对下游地区产生的负外部性日益显著。1978 年十一届三中全会后黄河流域出现了较多的突破性的正式制度安排，如黄河全流域配水制度《黄河可供水量分配方案》的制定，地方性取水许可制度的制定，水费、水资源费的征收等。此阶段突出了对水行政管理制度的重视和用水管理上的计划性。1981 年中国水利工作的重点由新建转到管理上，首先是加强对已有工程的管理。20 世纪 80 年代后计划用水在沿黄各省（区）形成了详细的规章制度。面对黄河频频断流的严峻形势，重新统一分配全河水量被提上议事日程。1983 年在黄河水资源评价与综合利用审议会上提出了黄河可供水量分配的初步建议，1984 年国家计委就水电部报送的《黄河河川径流量的预测和分配的初步意见》，在调查研究并与沿黄各省区协调的基础上，提出了在南水北调工程生效之前的《黄河可供水量分配方案》，详细规定了各省（区）的水使用量权，它至今仍然是黄河水资源在沿黄各省区间调配的基础。地方性取水许可制度在黄河流域首次出现。山西省在1982 年的水利条例中确定了取水许可制度，《山西省水资源管理条例》规定："具有勘探报告、水源工程设计和用水方案后，经本部门主管单位审查，报告当地水资源主管部门批准，领取开发和使用许可证。"虽然该条例规定的取水许可主要集中于开发勘测工程方面，但毕竟开了中国取水许可制度的先河，具有重大历史意义。

与此同时，黄河流域也首次出现了水费、水资源费征收、使用和管理等方面的正式的制度安排。最早征收水资源费的是山西省。1982 年的《山西省征收水资源费暂行办法》规定了水资源费的征收范围和征收标准，1983 年的《关于水资源费征收、上交、使用管理的几项规定》指出水资源费的征收由各级水资源主管部门委托银行代收，水资源费上缴财政，实行分级管理。1985 年以前，中国水费多以亩计征，即使有的地区按水计征，水费标准也远远低于供水成本。为扭转这一局面，1985 年的《水利工程水费核订、计收和管理办法》规定，农业用水按供水成本核定水费，经济作物可略高于供水成本，工业用水按供水成本加利润作价收费。颁布后，各省（区）普遍实行了新的水费标准，这不仅是水管理观念上的更新，更是中国水费征收制度的重大改革。通过征收水费、水资源费，不仅突出和强调了水的价值性、稀缺性和经济性，加强了水资源管理，而且促进了节约用水，有效抑制对水资源非正常需求，对黄河断流也有所缓解。

改革开放至 1987 年之前的黄河水权制度在正式制度安排方面实现了诸多突破，随着计划管水制度、黄河整个流域的配水制度、个别省区的取水许可制度和水费水资源费征收制度等的确立，黄河正式水权制度安排的雏形逐渐显现。在现实经济中，由于交易费用大于零，产权的界定和与此相关的产权结构对于资源配置效率就会产生影响。这些正式水权制度的出现节约了交易费用，并为加强黄河水资源统一管理和分级管理，为节约用水和提高水资源利用效率，缓解断流都起到十分积极的作用。但是正式制度安排只有在社会认可，即与非正式制度安排相一致的情况下，才能发挥作用。改变两者之间的紧张程度，对经济活动变化的方向有着重要的影响。这一时期黄河流域虽然进行了宏观配水，但总体上农户用水仍缺乏硬约束，由于水费很低，水费到农户一级还是平均分配，人们还是认为水是用之不尽的公共财富，用水花不了多少钱，所以很难真正鼓励人们节水。更进一步讲，由于无法实施水交易，人们节约水自己又不能卖出，不能获得任何节水收益，节水的硬件投入缺乏积极性，水资源配置效率自然就很低，再加上几千年来大水漫灌意识已在他们头脑中根深蒂固，很难在短期内改变。这一意识也阻碍着一些正式制度的实施，如水费征收难度很大，下游有的省（区）水费征收率仅有40%。所以，这一阶段即使有一些正式水权制度安排，但非正式制度安排仍起主导作用。

1987年以后，黄河流域对黄河水资源的需求大幅度增加，水事关系日益复杂，因开发利用水资源而引起的争水、抢水等水纠纷、水案件迭出不穷，为规范各经济主体的用水行为，规范水资源的开发利用保护和管理，一系列正式制度安排相继出台。1988年《水法》是新中国成立以后为规范各经济主体的用水行为和水管理而出台的第一部水的大法，它在水权制度方面的主要规定如下：水资源的所有权主体是国家，单位或个人取得水的使用权和收益权，所有权与使用权和收益权可以分离；国家对水资源实行统一管理与分级、分部门管理相结合的水行政管理制度，用水实行计划管理，并制定了水长期供求计划的制订和审批程序；界定了以城乡居民生活用水优先为原则的用水顺序权；制定了径流调节和水量调配的基本原则和跨行政区水量分配方案的制定和执行；明确指出中国实行取水许可制度及该制度的实施范围；制定了水费和水资源费的收缴制度；明确了地区间水事纠纷的处理准则，指出在纠纷未解决之前，不得单方面改变水的现状；规定了对水事违法行为的惩罚①。颁布后，沿黄各省区根据《水法》结合本地区情况，制定了一系列地方用水的政策法规，逐渐形成了比较完整的水利法规体系。

2002 年新《水法》颁布，对原《水法》进行了修订，在水权制度方面变化较大的就是水行政管理制度改为流域管理与行政区域管理相结合，至此，水资源流域管理被纳入法制轨道，有利于流域内水资源的统一规划、统一协调与合理配置，改变了原《水法》中"分级分部门管理"造成的水资源管理的分割和统管在某种程度上的落空。新《水法》在用水顺序权方面将生态用水放在了与工农业生产用水同等重要的位置②，并指出在干旱和半干旱地区，应充分考虑生态用水，强调了资源、环境和经济增长三者关系的协调。此外，新《水法》还细化了水资源的保护规划，水事纠纷的处理与执

---

① 根据 1998 年《中华人民共和国水法》总结。
② 参见 2002 年《中华人民共和国水法》。

法、监督稽查等制度安排也得到了较大幅度推进。总之，新《水法》为中国从传统水利向现代水利转变奠定了更为坚实的法律基础。

在配水制度方面，历史上黄河全流域范围内的配水真正开始实施。1987 年国务院批转了《黄河可供水量分配方案》①，要求沿黄省区以该方案为依据，制定各自的用水规划，并将其与当地的国民经济发展联系起来。国务院对这一方案的批转引起了沿黄各省区的足够重视，历史上真正开始了黄河全流域范围的配水，也开始了中国第一个大江大河流域宏观层次上配水，更加有利于取水方案的实施、水管理制度的执行，也为后来可能的水权交易奠定了基础。

在取水许可制度方面，这一时期出台了第一个正式制度安排，严格限定了黄河流域的取水工作。1993 年国务院发布《取水许可制度实施办法》，界定了取水许可实施范围、组织实施和监督管理等，该项制度也限制了水权的转让，其第 28 条规定将依照取水许可证取得的水，非法转售，情节严重的，报县级以上人民政府批准，吊销其取水许可证②，为水权的交易与流转设置了法律上的障碍。1994 年水利部发布了《关于授予黄河水利委员会取水许可管理权限的通知》，规定了黄河水利委员会在黄河流域实施取水许可管理的 6 项权限，加强了黄河流域取水管理的宏观调控。同年黄河水利委员会颁发了《黄河取水许可实施细则》——黄河流域依法取水的第一个

---

① 国务院办公厅国发办〔87〕61 号，《国务院办公厅转发国家计委和水电部关于黄河可供水量分配方案报告的通知》，1987 年 9 月 11 日。

② 国务院令第 119 号，《取水许可制度实施办法》，1993 年 8 月 1 日。

正式制度安排，详细规定了该流域水使用权的申请、审批、获得、监督管理以及违反规定的法律责任和惩罚等。黄河水利委员会按"取水许可必须符合黄河流域综合规划和水长期供求计划，遵守黄河可供水量分配方案，服从黄河防洪、防凌的总体安排，贯彻计划用水和节约用水，兴利与除害相结合的原则"审批[①]。取水许可制度的实施，为规范取水行为发挥了很大的作用，但也严格限制了售水、水交易行为，有碍于水资源市场机制的形成。

在水权与水市场方面，这一阶段还出现了水权交易的萌芽。1994 年发布的《中国 21 世纪议程》中就明确倡议："建立和完善自然资源产权制度，实行资源所有权与使用权分离，以及资源的有偿使用和转让。"2004 年 6 月，黄委会出台了《黄河水权转让管理办法（试行）》，规定了水权转换审批权限和程序、技术文件的编制、水权转换期限与费用、组织实施与监督管理等。2005 年 1 月水利部下发了《水利部关于水权转让的若干意见》，指出水权转让应遵循可持续利用、政府调控和市场机制相结合、产权明晰、有偿转让和合理补偿等原则，还指出地下水、生态用水，对公共利益、生态环境或第三者利益可能造成重大影响的用水不得转让[②]，推动了全国范围内水权转让的探索。在实践中，宁夏出现了水权转换案例。具体情况是火电厂投资衬砌农业灌溉渠道，衬砌后结余之水供电力部门使用，水权的配置由灌区水权转化为火电厂的水权。

---

① 黄河水利委员会黄水政〔94〕16 号，《黄河区水域可实施细则》，1994 年 10 月 21 日。

② 《水利部关于水权转让的若干意见》，2005 年 1 月 11 日。

综上所述，这一时期黄河正式水权制度安排不断出台，逐步在形成以《水法》为基础，以取水许可制度为核心，以《黄河可供水量分配方案》为全流域水量分配依据，以水权转换为微观主体水资源重新配置的有效机制，以流域管理与行政区域管理相结合的正式水权制度体系。这些正式制度安排为黄河流域的统一管理、全流域配水和水行政管理和水权转换提供了法制化、规范化的制度依据，为提高黄河水的配置和利用效率提供了可能。由于黄河水资源经济价值的不断提高，各项正式水权制度的逐渐细化、完善并强制性实施，人们从节约用水，进行水权转换中收益的增加，逐渐改变了古老的水意识和水习惯，黄河水权制度由传统的非正式约束为主向正式约束为主转变。这也说明了制度安排规定人的选择维度，提供具有经济价值的激励或限制。人类把非正式制度逐渐提升为正式制度，规则逐渐硬化（North，1990）。但目前正在萌芽中的可交易水权制度还需要大力发展，让市场机制在水资源的优化配置中发挥主导作用。由于中国没有公水与私水之分，加上传统计划经济体制的作用，政府已经太习惯于配置水资源（肖国兴，2004），而可交易水权制度的建立需要政府在对水资源做初始的界定后逐渐由配置者过渡为监督者。

中国水权制度评价。在计划经济时代，总体来看，由于水资源相对丰富，水资源的利用处于开放状态，主要受开发能力和取用成本制约，基本上不存在用水竞争和经济配给问题，是一种开放资源，可以认为不存在系统的产权制度安排。改革开放之后的很长一段时期内，水资源的利用是计划经济的延续，水资源利用基本上仍处于开放状态，排他性很弱，用水呈现粗放增长，水资源开始成为稀缺性的经济资源，用水竞争性日益显现，主要表现为区域间水事冲突日益增多。这一时期，水资源产权制度因资源稀缺而成为必要。一系列水资源管理制度从 20 世纪 80 年代后期，特别是 1988 年《水法》颁布之后开始付诸实施。这些制度包括水长期供求计划制度、水资源的宏观调配制度、取水许可制度、水资源有偿使用制度、水事纠纷协调制度等，实际上可以视为一整套产权制度安排的形成。

从这套产权制度安排来看水资源的产权结构，中国水资源产权安排整体上属于国有水权制度，这成为中央政府在流域间调配水资源的依据。由于大多数流域不涉及跨区域调水问题，流域内水资源的国有水权等同于流域水权，为流域上下游全体人口共同拥有，在大的江河流域一般设有专门的流域管理机构来管理。由于上下游对流域水权的争夺日益激烈，对流域各地区用水权利做出界定在很多流域成为必要，水资源的宏观调配制度实际上就是将流域水权分割为区域水权。在地方行政区域内，由于地方政府不仅是水权权属的管理者，而且也是区域内水公共事务的提供者，地方政府直接行使一部分区域水权，提供城市供水和乡村灌溉，另一部分用水权则通过发放许可证的形式赋予取水户，这就是取水许可制度，实质上是把一部分区域水权分割为集体水权。这里所说的流域水权、区域水权和集体水权，并不是完整意义上的产权，排他性较弱，只具有一定的使用权和收益权，且不具有转让权。这些不同形式的共有水权，其界定、维护和转移都是基于行政手段的，比如区域水权常得不到尊重，流域上下游水事冲突仍主要依赖于上级行政协调；取水许可制度赋予的集体水权，被纳入计划用水管理，其使用不具有长期稳定性；而水权的转移都是通过行政命令被指令划拨。

经过新中国成立以来特别是改革开放以来的水管理制度演变，中国目前已经形成了一套基于行政手段的共有水权制度，虽然十几年来实施的一系列管理制度使水权的排他性有所提高，但是水权的外部性还较高，水权行使效率还较低，也就是我们目前所说的"水权模糊"现象还很严重。水权模糊在一定的历史条件下是一种合理的经济现象，主要是由于清晰界定水权的成本较高，采用模糊水权的方法可以节约排他性成本。行政手段正是宏观环境下成本节约的现实制度选择，而产权模糊是行政配水制度的基础。当前的水权制度安排是水权模糊带来的内部管理费用和用水效率损失与行政配水所带来的成本节约之间的均衡。

◇◇ 第三节 水权交易的理论和实践

当可开发的水资源已经被分配完了的时候，人们开始关注现有水权的再分配问题。再分配的渠道一般有两种：一是行政或司法干预下的公共部门用水问题；二是通过销售转让、租借等形式的私人部门用水问题。简单地说，水权交易就是水资源使用权的部分或者全部通过市场来进行转让。水权交易是水资源使用权的部分或全部转让，它与土地转让是相分离的（Rosegrant，1994）。水权的交易可以是消费性的也可以是非消费性；既可以是持续的，也可以是非持续的；既可以是永久的，也可以是短期的或偶尔的。虽然水权交易本身应该是永久或很长时期的，但为了确保安全性，水权的转让不应该是永久的；水权应该是一个季节、一年或多年的出租、抵押或典当等。

一　水权交易的前提条件

水权交易的基本前提是水资源在不同用水户之间具有不同的边际净收益。从边际净收益低的用水户流向边际净收益高的用水户可以促使水资源配置效率的提高。

水权交易的实施前提包括以下方面。

第一，相对较小的交易成本。从国外的经验来看，降低交易成本一般包括以下三方面的内容。一是完备的水权和水权交易法律体系，为水权的清晰界定和水权交易提供法律基础；二是制定水权交易的市场交易规则，使水权交易有序进行；三是成立全流域水管理机构，以水权管理为核心，组织水权交易，对水权交易进行监督并实行申报制度和登记制度。

第二，水权的界定必须是明晰的。水权界定明晰，具体包括以下三点。（1）可交易的水权：意味着水资源使用者同意再分配水权，并且他们可以从水权交易中得到补偿；（2）定义良好的水权：提高了农民个人或农民群体对于公共灌溉管理部门讨价还价的能力；（3）安全的水权：用水者在考虑了全部机会成本之后，可以在卖水和用水之间做出合理选择，从而促进了投资和节约用水（Rosegrant，1994）。在水权私有的国家，水权交易实施的这一前提相对容易实现①。而在水权公有的国家，开展水权交易之前就需要对水权进行清晰的界定。例如，智利在水权交易制度实施之前基本上实行的是公共水权制度，为了从公共水权制度向水权交易制度过渡，智利各级水行政管理部门做了大量的工作，花费了较长时间来确认传统水权，审批新增水权，解决水权纠纷，然后逐步开始实行水权交易制度。

第三，可操作的水价。合理而可行的水价②是水权交易得以实施的第三个条件。

第四，有利于水权交易的完善的水利基础设施。

二　水权交易的类型

（一）非正规水权交易

事实上，世界上绝大多数国家的法律都是禁止水权出售行为的。可是实践中，为了提高水资源的利用效率，水权交易的行为比比皆是，但由于这种行为是和国家法律相抵触的，因此，这种水权

---

①　无论是在滨岸权还是在优先占用权制度下，水权都是清晰界定的。例如，美国是在优先占用权制度框架下实施水权交易的；而澳大利亚则是在滨岸权框架下实施水权交易。

②　具体到实践中，各国根据自身情况采取了不同的方法。例如，美国加利福尼亚州采用了双轨制水价，目的是激励农业灌溉采用节水措施和提供用水效率；具体做法是将水权规定量中的一部分按供水成本价收费，其余部分的水价则由市场决定；澳大利亚南部墨累河流域水权交易的水价则完全由市场供求决定。

交易往往被称为非正规水权交易（或者是非法的水权交易），其实被称为自发的水权交易也许更为贴切一些。

这种水权交易是世界各地都存在，而在南亚相对普遍。典型的水交易过程是，农户在某季节或某段时间将多余的地下水或地表水按计量卖给邻户，或一组农户把部分水卖给邻近地区。通过这种方式，水可以充分分配给更有价值的用途，而不伤害原水权持有者的利益。同时，卖水还能够鼓励保护和合理用水。没有政府干预的南亚非正规水权交易还增加了贫困农户的用水机会。但不规范的交易也会产生无效配水。南亚一些地区，自己拥有深井的富裕农户以垄断价格向邻近贫困农户收取水费，使农作物产值中的水价低于按照机会成本确定的水价，加重了不平等收入。无序卖水还会导致地下水的过量开采。非正规市场也不能补偿回归水的变化。上游用户卖的水多于实际耗水，减少了回归下游用户的水量①。而且由于多数交易都是非法的，交易的实施、调整和税收都难以做到。从而使水权交易限制在现货销售或单季销售上，且通常在邻居之间进行。长期交易不存在，剥夺了潜在投资者或者供水公司获得长期用水的机会。

（二）正规水权交易

一些国家通过制定水权交易法，以保留和增加非正规水权交易的益处，减少因非法和不规范产生的无效成本。通过无偿分配给现用户和水权持有者初始水权，正规水市场能避免发生类似增加水费

---

① 回归水等于取水量减去耗水量，在取水量不变的情况下，上游用户增加了实际耗水量，也就相应地减少了回归水量。

和不统一定价等政策问题。目前，智利和墨西哥是两个唯一建立国家级正规水权交易制度的国家。美国西部和澳大利亚的一些州已经运行了水市场很多年（有的长达 100 多年），但由于国家对交易进行了许多限制，导致交易成本的增加和对潜在获利交易的限制。例如，美国一些州，如科罗拉多州和新墨西哥州的水市场已经良好运行了 100 多年，但对交易范围的限制束缚了加利福尼亚水权交易的发展。结果，当邻近城市面临缺水和定量配水时，加利福尼亚的农民却继续种植低产值、耗水多的农作物。

自发、灵活配水的非正规水权交易能够迅速地改善用水，政策执行也相对容易。但是，非正规水权交易的非法和不规范性也常常会产生很多问题。所以相比较而言，一般认为正规水权交易的成功潜力更大。正规水权交易能够迅速自发地改变配水满足需水量的变化而改善用水效率。正规水权交易还能够增加用水户参与配水和促进投资，因为正规水权交易能保证投资者的用水。正规水权交易还能增加就业机会，帮助贫困户。正规水权交易的水权也最安全，因为在授予新水权方面用户拥有更多的发言权，比政府官员分配水权能更好地保护贫困户的权力。正规水权交易还能减少不利因素，保留非正规水权交易配水的优点。

三 水权交易的作用

水权市场的作用通常定性概括为以下几个方面：激励用水者提高用水效率、促进更合理的基础设施建设和投资、解决水资源开发

利用中的外部性问题、促进水资源从低效使用向高效使用流动等
（Rosengrant，1994；Mateen，1995）。此外，水权交易还有助于减缓
贫困，促进经济增长以及保护生态环境。

（一）水权交易与水资源利用效率

由于水权交易诱导用水者调整作物结构，投资节水设施，改进
供水设备，从而极大地提高了水资源的利用效率。众多实证研究表
明，水权市场能够有效提高水资源配置效率，并为市场参与者提供
可观的经济收益。如 Vaux 等（1984）通过对美国加州农业水权向
工业和城市水权转让的分析，认为如果每年有 $1341 \times 106 \text{m}^3$ 的水资
源实现转让，则会带来 30 亿美元的经济收益；Nir（1995）分析以
色列农业水权在不同区域间进行转让的潜在可能性时，计算的水权
转让潜在收益达 280 万美元；Robert 等（1995）在智利选择了 4 个
流域建立定量模型计算其水权转让的实际收益，其中利马里流域
（the Limari Valley）平均每立方米的水权交易能够产生 2140 美元的
净收益。通过一项对智利 Elpul 和 Limari 两个流域水权交易案例的
研究发现，在 Elpul 与 Limari 流域，水权交易取得了可观的经济效
益，买卖双方都获得了收益，如果再将买方与卖方收益比较一下，
买方尤其是购买水权用于经济作物生产的农民以及用于日常用水的
用水户从交易中所得到的收益要高于卖方，Limari 流域的葡萄大种
植户以及 Elpul 流域的购买用于日常消费的用水户得到了最高的收
益。在 Elpul 流域，每份水权交易的净收益在当时水权交易价格的
US＄1000 范围之内，在 Limari 流域，从每份 Cogoti 水库水权交易中
获得的收益是当时交易价格 US＄3000 的 3.4 倍，可见交易收益是

很大（Robert，1997；Rosegant，1995）。

（二）水权交易与社会发展

在一些国家，可交易的水权能够以多种方式减轻贫困。一是这可以重新配置稀缺的资源用于收益更大的用途，增加产量和扩大就业。Manuel 等（2002）以西班牙南部农业内部水权转让为例预测和评估了引入水权市场对农业收入和就业带来的影响，认为小规模和中等规模的农户更能够从水权市场获益。Javier 等（2002）同样以西班牙南部的水权转让作为案例，发现水权转让有利于降低由于供水不确定性而导致农户风险，提高了农户的收益。二是这可以鼓励投资需水量较多的种植业，如投资果树。三是用水户有转让水权的发言权，保护了贫困户的利益。当水权是国家机构无偿授予时，通常是富人和有政治影响力的人容易获得水权，贫困户很难获得水权。比如说在秘鲁一些渠道和河流，哪怕是所有的水都被分配完之后，有影响力的人仍旧能够从国家机构获得水权，损害了现有农户的水权，导致秘鲁一些河流和渠道的水权是可用水量的 2—3 倍。四是安全的水权交易有较高的价值，对贫困户来说特别珍贵。在墨西哥一些地区，许多小农户利用出售水权获利。五是便于城市获得水源造福贫困户，因为没有连接管道供水的城镇居民多是贫困户。智利保证城市供水主要靠供水公司以合理的价格获得水源，使原来常限于一天中几个小时的城市用水，在可用水源增加之后，能保证 24 小时供水。最后，向更高价值用途转让水，不需要征用收益较低用户的水，也不需要建设新的基础设施，所以更便宜和更公正。

从宏观上来看，水权交易能够促进经济增长。例如，智利在水法颁布后的 10 年中农业生产增长了 6%。在墨西哥，生产效率高的农户通过购买生产效率低的小农户的地表水权增加了粮食产量。工业用户购买农户的地下水权扩大了生产和就业。

（三）水权交易与环境改善

水权交易能够延缓建设大坝或调水工程的需求，减少环境影响，还能减少因为上游过渡灌溉造成的土壤盐渍化。但是，如果水权交易市场管理不善，不能保持河流浅水河段的最低流量，也会破坏环境。实践表明，由于这些国家或地区在水权交易中十分重视对环境的保护，采取了有效的法规和行政手段来防止对环境和第三者的不利影响，对水权交易中的水质要求做了明确的规定，同时也提高了用水者的环境意识，因而水权交易最终减少了诱导环境恶化的因素（王金霞、黄季焜，2002）。

四　水权交易的限制因素

水权交易失败的原因非常多。一是文化和宗教的原因，有些国家反对将水权当成货物一样买卖；二是有些国家担心有钱的个人或公司购买所有水权，使穷人无法用水，从而产生垄断和不公正问题；三是有些国家认为小农户出于冒险或者无知，会为了微利而卖掉水权从而失去生计；四是有些国家担心水权转让会耗尽含水层，增加污染或改变生态系统而破坏环境；五是少数从现有体系获利的国家反对改变现有体系；六是因为用水的社会收益大于私人收益，许多国家认为国家管理水对保证投资和低价供水更为有利。

表 3.1 水权交易存在的问题和解决措施

问题	解决办法
＊＊＊1. 水权确定不明晰，即与土地权没有分离的水权（1，2，8，10） ＊＊2. 基础设施不够，包括输水和蓄水系统（3） ＊＊3. 缺乏水资源的管理或没有用水户协会（4，5） ＊＊4. 水权初始分配不当，引发用水户之间的冲突（14） ＊＊5. 部门之间或部门内部重新分配水资源，政府机构未对原用水户给与补偿 ＊＊6. 农民和环保组织的反对（6，10，15） ＊7. 不准确的交易信息（5，9，10） ＊8. 授予的水权超过了现有供水能力（11，12，13） ＊9. 搁置不用或暂时不用的水权，可通过水市场进行出售和使用（7）	1. 登记和保证水权 2. 使用用水代理权（如土地面积和土地使用），明确水权 3. 基础设施投资 4. 为灌溉机构提供管理培训 5. 鼓励用水户组成用水户协会 6. 利用教育节目讲解水市场的用处 7. 征收未使用的水权 8. 保持现代单一的流域水权登记制度 9. 公共机构或用水户协会作为水权交易场所 10. 采用提供免费法律保护和信息的方法帮助小水权所有者 11. 鼓励现货和股票预购交易 12. 审查所有下游水权 13. 确定一方优于另一方的两种水权类型 14. 根据过去的用水量分配水权并拍卖所有剩余水权 15. 使用部分交易的水保证河水流量 16. 根据供水份额而不完全根据水量来分配水权

注：＊＊＊很普遍 ＊＊有时发生 ＊极少发生。

资料来源：李晶、宋守度、姜斌等编著：《水权和水价——国外经验研究于中国改革方向探讨》，中国发展出版社 2003 年版。

此外，更多研究发现，建设水权市场的限制因素还包括流动性和水量不确定性而导致的水权界定和计量上的困难、是否具有必要

的基础设施、垄断导致的效率下降、过高的交易成本、对第三方①
的影响（回流问题）、与水资源有关的公共物品，以及如何衡量用
水；如何在水流量变化的情况下界定水权；如何建立水权市场的退
出机制；低收入农民的"水权换现金"问题等（刘红梅等，2006；
JARIS，2002；World Bank，1995）。其中，第三方影响是水权交易
最重要的限制因素。

五　建立水权市场的制度框架

尽管大量的理论和实证研究已经表明，水权交易在激励用水者提
高用水效率、解决水资源开发利用中的外部性问题、促进水资源从低
效使用向高效使用流动等方面有着十分显著的作用，但受到制度变迁
所带来的成本和问题的限制，真正引入水权交易市场的国家并不多。
主要原因在于，水权交易在以上方面存在着障碍。目前比较一致的观
点是，需要政府通过制定法律法规，设计合理的制度框架来保障水权

① 第三方最早出现在资源与环境经济学案例中，指的是在环境污染事件发生时，
与污染者没有直接契约关系的受害者。因为第三方没有契约的保护，因此在完全市场
化的情况下，第三方受害者很难通过市场机制给予污染者市场压力，因此也很难得到
补偿。水权交易涉及的第三方的定义是：在存在水权市场的条件下，买卖双方进行水
权交易，对非当事人享有的水权产生了影响，此时受到他人水权交易影响的水权拥有
者即被定义为水权交易中的第三方。第三方的水权受到影响的这一种情况被称为第三
方效应。有效的市场要求水权交易中的第三方效应能够被识别和定量化确定。只有当
所有相关成本都能在交易过程中得到体现，市场才能被称为有效的市场。第三方效应
实际上是一种外部成本的体现，第三方问题的存在是对水权市场的挑战。从经济学的
有效性角度来看，第三方的外部成本必须考虑进入交易费用才能达到最优；从公平角
度来看，对第三方受到的损害应该进行补偿。

市场的顺利运转。智利、墨西哥和加州等国或地区水权交易的实践表明，要想成功实施水权交易，水资源政策应该具备以下几个基本要素：（1）既简单又复杂，清楚地定义水权的特征及实施水权交易的条件和规则；（2）建立和实施水权登记制度；（3）清楚描述在水资源分配中政府、机构和个人的作用，并指出解决水事冲突的办法；（4）保护由于水权交易可能给第三者和环境造成的负面影响（Rosegrant，1994）。此外，Manuel 等（1999）通过分析巴西、西班牙和美国加州 3 个有一定历史、比较成功的水权市场案例，总结出了建立水权市场必须具备的一些制度条件，包括：基于用户的管理方式，界定清晰的、可测量、可执行的用水权，具有可交易水量的足够信息，提供计量和转移水资源所必需的基础设施等。

因此可以认为，水权交易制度实际上是一种政府和市场相结合的水资源管理制度，即政府为水权交易提供一个清晰明确的法律框架和法律环境，而把提高水资源的使用效率和配置效率留给市场去解决。这样做不仅避免了水资源利用中的"市场失灵"和"政府失灵"，而且发挥了市场和政府各自的优势，因此，在实践中取得了较好的制度绩效。

六 典型国家水权交易实践

将世界上几个主要国家水权交易制度的要点介绍如下。

（一）美国的水权交易：优先占用权框架下的水权交易制度

美国水权管理始终坚持水权私有，优先权由各州确定，水权允许转让，但必须由州水资源管理机构或法院批准，在转让前需要公告。在20世纪80年代初期，美国西部的水市场还只能被称为"准市场"，因为这样的市场实际只是不同用水户之间的水权转让，以自发性小型聚会形式出现。而现在"水资源营销""水资源销售"已经是水管理杂志上常用的术语，出现了股份制形式的水银行，即将每年供水量按照水权分成若干份，以股份制形式对水权进行管理；西部地区基本上建立了较为完备的水权交易体系。

以加利福尼亚州为代表的西部水权交易为例：第一，组织机构：通过成立专门的局、理事会、委员会或者是设立州工程师办公室（如科罗拉多州）专门管理水权。

第二，水权的申请：1914年以后，任何人从河道取水，都必须向理事会提出申请，经过严格的程序才能获得水权。

第三，水权争议的解决：任何与引水行为相关的个人或集体都将收到引水通知，他们可能对引水和水权的占用提出异议，而申请人必须尽快做出反应和提出解决措施。如果有关各方无法达成一致，水资源管理委员会则通过组织异议方听证会的方式，采取行动解决争议。

第四，许可证管理：颁发新水权许可证不能够侵害原有的水权，新许可证持有者在引水时必须尊重原有水权的权利。

第五，水权的出售和转让：水权可以出售和转让。转让方式有时是把水权临时或长期转让，有时把水权依然保持在所有者手中，只是把剩余或者节约出来的水转让给他人。多数水转让行为涉及水资源用途的改变，即将水资源从低效益行业或部门转向用水效益高的行业或部门。在一些州，立法活动正在考虑在水权的出售和转让的同时，应当对原有地区采取保护措施，或者是由于转让造成的经济损失给予补偿等问题。亚利桑那州的一项法律规定，凡城市从农业县获得地下水水权，并把这些水引走均须缴纳地下水水域发展基金。这项基金用来补偿税收的减少和经济活动受到影响带来的损失。水的销售和转让不能产生任何负面影响。科罗拉多州强调不能损害其他用水户的利益；新墨西哥州强调水的分配和转让不能影响州内水平衡和州内人民的生活。

（二）澳大利亚的水权交易：滨岸权框架下的水权交易制度

20 世纪 90 年代以来，澳大利亚的水权交易迅猛发展。水权交易是澳大利亚联邦政务院水权改革框架的一项重要成果，该框架促成了水权与土地权的分离和水分配体制改革。澳大利亚规定农民用水必须向政府主管部门申请用水权，由于可开发的水资源已基本开发完，目前原则上不批准新的用水权申请。为了节约用水，州政府规定，允许原有用水户的自己节省的用水权有偿转让给新用水户。水法还规定，水权拥有者除须缴纳水权证费用以外，还要缴纳从河湖取水的水权费。

第一，水权交易的方式：包括州内临时交易（一年以内）、州内永久交易、州际临时交易和州际永久交易四种，其中以州内临时交易最为常见。

第二，水权交易的规则：澳大利亚采取国家政策和销售合同相结合的方法约束水市场的交易。（1）每个州的水法都对水权交易程序和买卖合同中的有关内容作了规定。水权交易必须以保护河流基本生态环境和对其他用户的影响最小为原则，除必须保证生态和环境用水外，还要制定供水能力和灌溉盐碱化控制标准。（2）水权交易信息要公开透明，为所有潜在的买卖双方提供交易的机会。（3）水权交易由买卖双方在谈判基础上签订合同。（4）对于永久性交易，必须由买卖双方向州水管理机构提出申请，并附相应的评级报告，由专门的咨询机构作出综合评价，在媒体上发布水权永久转让信息，最终由州水管理机构重新向买方颁发取水许可证，同时取消卖方的取水许可证。

（三）墨西哥和智利的水权交易：公共水权框架下的水权交易制度

墨西哥和智利是世界上比较早在全国推行水权交易的国家，迄今为止积累了不少的经验。

墨西哥的水权交易。墨西哥1992年水法规定，水是国家财产，允许私人、用水协会和股份公司转让用水许可证，许可证有效期50年。许可证延期须经国家水利委员会批准。用水许可根据用水量确定水量。在灌区，国家水利委员会向各级灌溉单位的用水户下发分配许可证，用水户协会再按自己的程序向用水户分配许可证。初始分配用水许可证参照原用水量。墨西哥水权交易要点：（1）根据1992年墨西哥水法，用户可以把他们现有的水权交易转换为更安全的长期许可（标准期限为30年）。这些许可只要不对其他农户的水权造成不利影响就可以出租或者出售。对非农业用户、农民用水协会、地下水用户，水权要在国家注册处登记并按水量确定，实际上最终是按照比例分配的。（2）只要许可条款没有改变，转让水只需要通知国家水权注册机构。但许可转让影响到第三方时，就需要有国家水利委员会的批准。（3）向灌区外转让许可须得到用水户协会和国家水利委员会的批准。向灌区外转让所得收益属于灌区而不归用水户。

智利的水权交易。智利将用水权与土地使用和所有权分开，使得水权交易不受限制。水权改革是伴随着智利的土地私有化和自由贸易发生的。在殖民时代，智利就有私人开发水源、私人有分享河流和渠道水量权的传统。1981年的水法又恢复了这一传统。1981年水法规定水是国家的公共资源，允许个人拥有永久买水和转让水的权利。智利水权交易要点：（1）用水权在智利分为永久水权和临时水权。（2）用水权还被分为消耗性和非消耗性水权。消耗性水权允许用户消耗全部水不受将水返还水源的约束。非消耗性水权允许用户只能按规定质量将水返还水源并且不影响现有消耗性用水权的情况下用水。（3）水权按单位时间流量确定。但实际中，往往是把河流分成几段，每条渠道、每个进水口和取水口都获得那段河流一定比例的水。（4）开采地下水也需要有用水权。已经确定某一深度含有一定量的水时，人们就可以向水域管理总局申请地下用水权。受新授地下水权影响的任何一方，可以在官方日报公布授权的30日内通知水域管理总局地区办公室反对授权。

◇◇ 第四节 中国水权制度评估及建设思路

一 水权制度探索的总体评价

总体来说，中国在水权制度方面的探索，主要包括以下几个方面：（1）出台了一些有关水权制度建设的法律法规、指导意见等，初步构建了适应水资源以及水资源管理体制变化的法律环境；（2）探索了水权初始分配的制度设计和技术操作，重点研究了水量分配的技术方法；（3）对于一些自发的水权交易实践进行了总结和评价，并且建立了一些正规的水权交易试点。

但中国现有的水权制度建设框架还有许多重要的方面需要明晰和强化，包括：在向水权持有者提供的权利方面，水权缺乏明确性；水权缺乏确定性：政府可以依情况区别对待和决定在任何既定年份下的可用水量；缺乏河道内生态和环境流量管理；缺乏安全性：当水权受到负面影响时，没有明确的条文规定如何处理发生的状况；缺乏信息公开机制和决策过程的非透明化：年度水量分配的信息、许可的细节、取水许可的监督管理等信息不公开。由于这些信息是由不同的机构以书面方式保存的，所以其他机构和公众很难获得；缺乏有效的公众参与机制：在初始水权明晰和转换及管理过程中，没有明确规定公众应该通过何种程序参与。另外，规范水权转换的规定较少。进行水权交易的时候，通常缺少明确的规定来指导如何和何地可以允许交易，也没有强有力的权利系统来界定转换的水权。这给已经购买水权的用水户和生态环境造成了不良影响，也削弱了将来水权转换中交易各方的信心。

二 中国水权制度建设现状

（一）水权制度的法律法规

截至目前，中国出台的与水权制度建设相关的法律法规包括以下 6 个。

《中华人民共和国水法》（2002 年）——水权制度建设的基本法律依据。《水权制度建设框架》（2005 年）——水权制度建设的纲领性文件，对开展水权制度建设的指导思想、基本原则、实施目标、主要内容做出了规定。《水利部关于水权转让的若干意见》（2005 年）——水权转让的指导性文件，对水权转让的基本原则、限制范围、转让费用、转让年限等做出了具体的规定。《取水许可和水资源费征收管理条例》（2006 年）——完善了取水权配置、行使的法律制度，设定了取水权转让制度，为利用市场机制配置取水权打下了法制基础。《物权法》（2007 年）——取水权纳入用益物权范围，明确了取水权的权利属性。《水量分配暂行办法》（2007 年）——对水量分配和取水许可做出了具体明确的规定。

（二）水资源所有权制度

中国水权制度体系中包括水资源所有权制度、水资源使用权制度和水权流转制度三大部分。在水资源所有权制度中，水资源分配制度是明晰各级政府水资源管理权责、落实用水总量控制、合理配置水资源使用权的重要基础性制度。2002年《水法》提供了水资源规划的框架。流域和区域的水量分配通过流域和区域的水量分配方案实现，通过这些水量分配方案，流域的水量分配到各个行政区。

《水法》已经明确规定了水量分配方案的级别。区域水量分配方案必须服从于流域水量分配方案。但是，《水法》缺少用于协调相互矛盾的规划的清晰程序。例如，当区域规划早于流域规划完成时，没有一致的途径来调整区域规划，以使区域规划符合整体的流域规划。规划没有考虑到为满足河道内生态和环境用水要求。在中国南方地区，当水量丰沛时，环境流量可能是充足的，但那是一般认为的而非经过设计规划的。在北方地区，流量是有限的，对水的需求远远超过了水的供给；在此种情况下，生态和环境需求相较于人的需求来说只能处于第二。同样，通常河道内生态和环境用水要求的水质信息是空白的。规划明确的是某行政区内可耗水量或取水量。在某些情况下，尤其在南方地区，由区域用水需求而非河流的可供水量来决定用水量。因此，规划没有明确区域的水资源的可持续利用量，而是说明了地区内允许利用的水资源量。由于规划针对长期的情况（通常是25年），规划没有说明，在期限届满后，什么样的权利可以继续存在以及在决定将来权利的步骤。这对已经开展区域水权转换的地区很重要。

（三）水资源使用权制度

任何单位和个人取水是由取水许可制度管理的。根据法律规定，除了法律规定的例外以外，所有的取水都要求办理取水许可证。但实际上，由于某些历史原因，一些取水户并未持有取水许可证。取水许可制度由国务院于 2006 年 2 月颁布的《取水许可与水资源费征收管理条例》实施。该条例为各省区管理取水许可提供了一个框架，对许可授予和监督管理的程序做出了详细规定。取水权是水资源使用权的核心，通过《取水许可和水资源费征收管理条例》以及《取水许可管理办法》等水法规，取水权的配置、行使和保护得到全面规范。从权利的配置来看，水权的初始分配和再分配构成权利配置的完整过程，《取水许可和水资源费征收管理条例》和《水量分配暂行办法》的颁布实施，将水资源分配以及最核心的涉水权利——取水权配置的完整过程纳入了法律规范之中，标志着中国初始水权分配制度得到基本建立。

但是，取水许可制度并没有将所有取水者都纳入管理的范围内。在很多实例中，取水者没有许可。这种现象在中国南方灌区尤其普遍。许可上附着的权利并没有明确规定。许可说明了月度和季节最大取水量，但未表明其水量的保证率。如果水量分配方案涉及了保证率，也仅仅是表明年均可取水量，没有很好地解决枯水年度内的可用水量问题。目前没有清晰的条文规定和决定现有用水户可以接受何种程度的不利影响（如授予新的许可的后果），也没有一个固定的决策过程或可依据的原则来确定这些影响：如果做出的审批决定会给现有许可的可用水量造成损害，也没有明确规定应该给予多少补偿。许可规定的水量也许没有反映实际的用水量，可能低于实际用量。如果取水者按照他们的许可总量取尽所有的水量，那么总取水量很有可能会增加，这样就可能存在耗水量超过区域水量分配方案规定的耗水总量的风险。现行的水权制度框架和管理安排是假定取水者会维持现有的取水水平，不超过限量，但是没有法律的强制性规定。现有法律也没有制定在任何特定年份取水许可下的取水量的原则。这对水资源管理部门以年度计划为基础考虑如何分配水量有很大的影响。在某些紧急情况下（例如特枯水年）也没有制定适当的分配有限的可用水量的安排。在某些地区，制订了一些干旱危机管理规划来指导水量分配，但在另外一些地区，是由管理部门依据有限的优先权原则来决定水量分配的。

取水许可证持有人的权利的有效期限是不确定的。有时候，许可的批准文件会根据企业的存在期限指定一个更长的期限，但同时政府又可以在许可证期限届满后不支付任何补偿就撤销许可，这是合法的。许可期限届满后，许可证持有者所拥有的权利不明了。在项目结束阶段（或者至少在项目初始阶段的结束期间），没有规定可以调整许可证持有者的权利。也就是说，并不清楚持有者是否有权重新申请许可、是否有权将许可证出让给另一用水户。同样地，目前也没有清楚的条文规定在权利回归政府以后，政府是否有权按照它认为合适的情况再次分配水量。这对已经进行的取水许可转换，尤其是取水者已经购买了水权的情况，会产生越来越深的影响。

（四）水权使用证制度

这主要针对的是灌区内农户的水权使用。在灌区内，灌区管理机构持有取水许可证。在许可证规定的范围内，灌区内的农户分享可使用的水量。在很多情况下，农户并不单独持有任何形式的权利证明，水量分配根据土地面积进行。在水资源紧张的地区，对允许灌溉的土地存在一定程度的限制，不允许新增灌溉面积。在一些水权试点地区，开始授予农户水权使用证，明确每个农户所占有用水的份额；这与水票制度配套实施。在水票制度下，农户预付特定年份、季节或灌期支付他们所需水的价格（每次供水支付一次费用）。农户可以按限额购买水票，限额是根据他们的水权使用证上确定的水量和季节可用水量确定。

在灌区，取水许可证授予灌溉机构。但是机构代表谁持有许可证并不明确：灌区机构是为了自己的权利而持有，还是以"托管"的形式代表该灌区农户持有。造成的结果是，从节余的水量中受益的主体并不明确——也就是说，节余的水量是应该为了灌区内农户的利益而使用，还是由管理机构依情况而用。同样的灌区取水许可的所有权也应该明确。在农户层级，关于个人水权的定义是空白的，或者是极少的。在授予农户水权之前会进行一些审查，但是这些权利的法律基础和可实施性并不清楚。在灌区内，灌溉是不可调整的，不具有灵活性。灌溉方法或时间没有调整的余地：在灌溉季节开始的初期，根据灌溉的时间，农户会被告知灌溉水量。这就缩小了种植不同灌溉作物的选择范围，例如经济价值较高的作物要求的灌溉较频繁，而这些作物往往是农民希望种植的。在现行安排下的农户节约用水的唯一的真正目的是降低灌溉成本。水票或使用证的交易（例如节水的结果）只能限制在季节性的交易上。但是事实上，没有证据表明有进行这种交易的需求。对于灌溉土地的限制，以及一般情况下用户现有土地上有足够的灌溉水量，可能是缺少临时水权转换的原因。尽管已经成立了许多用水户协会，但实质上许多这样的组织还是灌区管理机构的当地代表，而不代表农户的利益。

（五）水权转换

现行的交易机制不是正规的，而是为了适应特定的交易情况而制定的（例如通过衬砌渠系而节余的水量的交易）。由于缺少明确的运行规则和水量分配规则，在某些转换实例中，由合同条款代为规定了这些内容，以便为水权受让方提供一定程度的确定性。例如，某区同意将一定的水量出让给另一区，通过签订合同的方式一致同意转换的水量和共享水库水量的方式。结果是使得本区域内原本由政府水资源管理部门决定的可用水量现在却由本质上属于私权的合同来规定。转换水权的合同将水量供给安排和基础设施的维护保养（作为水权的内容）与水权捆绑在了一起。将来在处理这些水权的时候，也许应该将水权与合同责任分离开来。在取水许可转换的实例中，许可转换的规则与其他许可规则是不同的（例如，在水权转换方面要考虑用途）。建立不同种类的权利有可能会使将来水权管理变得复杂。例如在合同履行完毕之后，许可必须回到原始持有人手中的要求（宁夏的取水许可转换期限是25年）就会使管理复杂化，例如当原始主体不清楚的时候，要确定权利能够回到原始

"所有人"手中存在的困难。从水量分配方案分配水量的方法（耗水量或取水量），从河道取水的限制是空白，方案没有给出明确的限额。在同一个系统内（同一流域或含水层），如果有能力授予额外的水量，但是却没有明确可授予水量的数量以及授予水量的过程，这些会对市场运行造成负面的影响。缺少便于农户进行水权交易的系统，在给定转换小额水量的情况下，水权转换的成本会非常地高。

三　中国水权体制建设的思路

中国水权体制建设的基本思路应该是，以水权交易为突破口，通过完善水权交易制度来推动整个水权体制的建设。这是基于张掖的案例得出的启示，只有通过交易，水权的经济价值才能够得到体现，从而清晰界定水权，进而保护水权的激励得到强化。基于这样的基本思路，可以提出中国水权建设的一些设想。

（一）水权体系的初始化

这里讲的不是水权的初始化，因为我们承认存在一个水权科层体系，这是王亚华（2006 年）基于澳大利亚学者查林（Challen，2000）的"制度科层概念模型"（a Conceptual Model of Institutional Hierarchy）提出的一个模型。根据他的模型，中国的水权科层体现为：（1）国家层面的水权持有者。包括国务院及其水行政主管部门，以及国务院水行政主管部门派出的七大流域管理机构；（2）区域层面的水权持有者，包括地方各级人民政府（省、地、县）及其水行政主管部门；（3）社团层面的水权持有者，包括各级灌溉管理组织、供水组织或供水企业等；（4）最终用户层面的水权持有者，包括用水企业、事业单位、灌溉农户、家庭用水户和用水个体。在水资源稀缺的情况下，同一层次的决策实体之间需要进行权利分割。随着水资源稀缺范围的逐渐扩大，最先是用户层面，然后扩展到区域层面，最终全流域各个层面的决策实体之间都需要界定水权。因此，以上的水权科层至少需要三个层次上分配水权：中央到地方层次，地方到社团层次，社团到用户层次。目前的关键是，要明晰农户层面的用水权。如果，农户的用水权利没有得到明确，其结果将是农户的利益得不到保护①，那么水权交易的可持续性也就难以保证。

表 3.2　　　　　　　　　　　　　　　水权初始化

	区域水权	取水权	用水权
持有人	行政区（包括省、市、县）	取水单位和个人，如灌区管理机构、工厂	单个农户

---

① 在内蒙古杭锦灌区和火电厂水权转换的案例中，就发生了农户意愿遭到忽视的情形。根据水利部的《指导意见》，水权转换必须在明确初始水权的前提下进行。内蒙水利厅水权转让的实施意见也指出，水权的出让方应已取得经政府确认的初始水权，并具有法人资格。在目前体制下，满足条件的单位只能是内蒙古黄河工程管理局和鄂尔多斯黄河南岸灌溉管理局。按照自治区水利部门的理解，取水许可管理就是水权管理的具体体现，水权的合法转让单位也只能是工程管理单位，而不可能是某一个或几个老百姓。尽管当地百姓毕竟是取水权事实上的使用者，却自始至终没有参与谈判。

续表

	区域水权	取水权	用水权
权利依据	区域水量分配方案规定授予的份额	取水许可证	水权使用证
权利性质	流域水量分配方案规定的流量百分比。包括取水量和耗水量	区域分配水量的份额，规定最大取水量《取水许可与水资源费征收管理条例》规定的内容	灌区取水许可证上的用水量份额
权利授予	上一级水资源管理部门（例如：流域管理机构，省、地和市各级水行政主管部门）	负责授予许可的单位（根据取水规模和性质，由不同级别的机构授予许可证）	灌区管理机构
初始水权	通过根据《水量分配暂行办法》规定的水量分配方案	现有许可需要通过评估。授予新的许可	根据灌区用水计划授予单个农户

但是，水权体系的初始化是不是一定就要实现水权的完全清晰界定，这是不可能的，也是没有必要的。交易成本的存在使水权的完全清晰界定难以实现。因此，水权的初始界定的目的在于明确农户对水资源存在权利，而且这些权利将能够转变为现实的经济利益，政府不能够随意地剥夺农户的这种权利。进一步，水权应该是在实施中被逐步界定的，也就是说，有了初始的水权界定，在以后的水权实践中，通过不断地协商和在协商水权将逐渐得到清晰界定。事实上，张掖的案例就体现了这样的一种过程。

（二）以灌区为主体的水权交易体系

从理论上来讲，水权市场中参与者越多，参与的地区越多，市场的潜在收益就会越可观。因为不同地区、不同用水主体的节水成本、节水效益差别越大，水权市场带来的成本节约或效益增进越明显。因此，跨区域、跨层级的水权市场是非常值得投资的。严格地来讲，区域水权是不能够交易的，主要是通过上一级的行政手段在各区域之间进行重新分配或转移。主要包括两种情形：一是区域向上一级主管机构要求修订或者补充用水量；二是上一级政府为了实现发展的目的而修订分配方案，强制再分配水量。因此，水权交易将会在两个层面上发生：取水权和用水权本层次内部的交易，以及发生在取水权和用水权之间的交易。

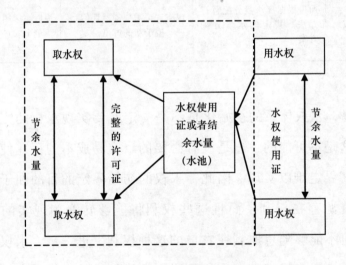

图 3-1 水权交易的两个层面

但是，从水权交易的交易成本，以及交易的规模效益出发，中国的农户由于土地经营规模太小，从而使用水权层面的交易成本激增，规模效益也难以显现。虽然，张掖等地的基于农户层面的水权交易依然取得了初步的成功，从实践上对以上看法提出了挑战。但是，要大面积地降低农户层面的交易成本依然是比较困难的。因此认为，中国的水权市场难以走基于农户的交易模式，中国水权市场的主体，特别是出让方主体，主要应当是灌区、灌域和取水许可大户（王亚华，2010）。

（三）双层次的水权交易平台

水利部的水权转化方案最大的一个特点是，将交易对象设定为一对一的模式，这是一种初级的市场形式，也伴随着很高的交易成本，难以开展跨行政区的水权交易。从有利于降低交易成本角度考虑，最有效的市场形式是建立水权交易平台（例如，水银行）。水资源由于流动性强，水文波动性大，供给和需求之间常常有很大的时空差距，使用一对一式的现货交易形式成本很高，通过水权交易平台可以大大降低交易成本。可以考虑在省区和流域两个层次上建立水权交易平台，在省区层次，各省区水利厅可分别建立一个省区内的水权交易平台；在流域层次，建立一个全流域的水权交易平台。有了公共交易平台，这样买家和卖家不直接发生关系，打破了时空界限，就能够实现跨行政区的、跨省区的其至跨年度的水权交易。

（四）完善灌区内的管理体制

对于用水权层面和取水权层面的水权交易，存在的一个最大的风险在于，在灌区之间进行交易时，灌区机构可能为了追求自身的经济利益，而发生不顾农户利益过度调水参与交易的行为。因此，为了规范这种水权交易活动，必须理顺灌区内的管理体制。首先，灌区管理机构被界定为"水池"，其作用在于购买水权使用证和村或者用水协会一级的结余水量，在此基础上代表灌区交易集中的结余水量。也就是说，灌区管理机构可以说是用水户的经纪人，通过帮助用水户交易水权收取佣金。其次，灌区管理机构的民主化改革。在灌区管理机构的形成过程中完全实现民主选举目前似乎并不必要，但是在灌区以下的层次可以借鉴传统经验，在用水户和灌区管理机构之间民主选举不同层次的管理阶层（包括用水协会、用水联合会）。

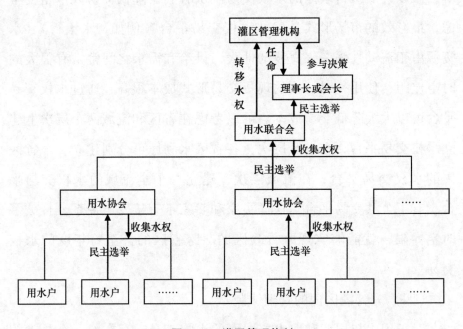

图 3 - 2　灌区管理体制

由这几个阶层承上启下，负责协调农民用水事务。用水户节约的用水量首先由用水协会（会长由用水户民主选举产生）负责收集，然后汇集到用水联合会（由用水协会会长或其代表组成），通过联合会实现水权和剩余水量向灌区的转移；与此同时，用水联合会派人参与灌区内部或对外的交易决策。灌区管理机构可以在水权交易收益中提取管理费、用水联合会的常设人员（理事长或者会长，由用水联合会成员选举产生，并由灌区管理委员会正式任命，定期改选）工资也可来源于水权交易收益或用水协会上缴费用。在灌区用水决策过程中有代表农户利益的、经过民主选举产生的人员参与是保证灌区内水政清明，最大限度发挥水资源社会经济功能的制度保障，也是确保水权交易制度平稳发展的关键环节。

◇◇ 第五节　水权交易案例分析：北京市 "退稻还旱" 工程的实施 效果和社会经济影响[*]

部门间水资源配置和转移可以通过行政配水手段和市场交易手段予以实现。水资源的市场交易涉及水权的定义与配置。在美国、智利、澳大利亚等西方发达国家，水权交易市场为立法认可，是国家配置水资源的重要方式，但在中国水权与水权交易尚未有明确的政策支持与立法说明。近年来中国用市场手段进行跨流域水资源配置案例可称为 "非正式的水权交易"，如义乌—东阳地区的水权交

---

[*] 本节主要内容取自范杰的硕士论文。

易、张掖地区农户层面的水市场、以及本文研究的北京—河北地区退稻还旱工程。退稻还旱工程通过给农户补贴的方式获取水量，虽然实施路径并非直接通过自由市场交易，却也明显不同于行政手段或水利工程方式调水。在工程设计和实施方面，北京市政府给予农户补贴本身即带有市场交易的色彩，而且其不断调高补贴标准、用于弥补农户种植水稻损失的行为具有体现水资源价值、满足农户接受意愿的意味。从这方面来说，该工程应该可以定义为"非正式的水权交易"，交易内容即为北京市政府代表北京市居民从上游地区的农户手里购买水资源。

市场方法配置流域水资源现象的出现原因，其在制度上的实现路径，调水成本有效性的绩效表现，对农户的福利的具体影响，是否对中国的流域水资源管理，甚至跨流域水资源管理有重大借鉴价值和推广潜力等均为有重要意义的研究课题。

一 案例背景

（一）北京市用水危机及对策

北京市作为中国首都，经济保持持续快速增长，自20世纪50年代起开始面临用水危机。北京市地下水占总用水量的2/3，但地下水从20世纪80年代开始面临补充不足和污染严重等问题。以官厅水库和密云水库为主要供给来源的地表水供给，亦逐渐呈现出水量不足和水质污染的严峻形势。根据世界银行报告，截至2007年，北京市的人均水资源拥有量不足230立方米/人，远远低于国际的平均水平。

面向 2008 年举办奥运会这一重大历史事件，北京市准备更加充足的清洁水源。北京市政府在满足农业和工业生产用水以及家庭生活用水以外，保证奥运会用水的充足供给。为此，北京市采取了一系列措施增加用水供给、缓解用水需求，包括调水引水工程的建设、地表水污染治理以及用水需求管理三大主要措施。调水工程方面，"引温入潮"工程自温榆河调水进潮白河顺义城区，南水北调中线工程从汉江丹江口引水至京津地区等，均使用工程方法调配水资源，解决水资源分布的空间不均衡；污染治理方面，北京市整治市区内工业企业超标排污现象，对北京市上游河北、山西等地的高耗水企业和重污染企业发展进行全面规划，限制污染企业的发展；需求管理方面，北京市通过提高水价水平、调节水价结构、节水宣传、调节部门间用水分布等措施尝试控制用水需求。2011 年，北京市进入了水资源管理更加严格的一年，受当年冬季旱情影响，北京市采取了一系列措施进行用水总量控制、鼓励循环用水，通过设立用水警戒线严格把控城市用水量，并于 2011 年开始试行阶梯水价制度。

（二）退稻还旱工程

水文数据显示，华北地区自 20 世纪 70 年代以来旱情逐渐加重，工业快速发展带来不断增加的用水需求，对海河流域各条河流水体产生的污染不断加重，为北京市提供水源的官厅水库和密云水库上游来水的水质不断恶化，水量不断减少（梁涛等，2003）。1997 年官厅水库由于水质水平过低，退出北京市生活供水体系。截至 2011 年 2 月，官厅水库实时监测数据显示，官厅水库水质仍然为 IV 类，未能达到作为居民生活用水的基本要求。在相当长一段时间内，北京市居民生活用水一直依靠密云水库。

密云水库处于北京市密云县境内，位于密云县城北 13 公里处，其水源的两条主要河流分别为潮河和白河。潮河发源于河北省承德市丰宁满族自治县，经滦平县，由古北口进入密云水库；白河发源于河北省张家口市沽源县，经赤城县，在样田乡与红河汇流，从白河堡进入北京市延庆县，在延庆千家店镇与黑河汇流，自怀柔县青石岭进入密云。北京市用水对密云水库的依赖关系由此延伸到了北京市与上游河北有关市县的水资源分配关系。

2006 年，北京市水务局与河北省赤城县水务局合作，在赤城县东卯、茨营子、东万口三个乡（镇）的 1.74 万亩水稻田开展了退稻还旱试点，鼓励农户放弃水稻种植，改为种植以玉米为代表的旱作物，从而节约农业用水。北京市给该地区农户 350 元/亩的补偿，弥补种植结构调整给农户带来的经济损失。

2007 年，北京市水务局进一步扩大合作范围，与潮白河流域承德市和张家口市赤城县继续签署退稻还旱工程协议，开始实行潮白河上游全流域的退稻政策。工程实施面积从试点的 1.74 万亩扩展到 10.3 万亩，其中张家口市 3.2 万亩，承德市 7.1 万亩。潮白河上游地区全部停止种植水稻、禁止施用化肥和农药，保证上游地区的水量水质。2007 年，北京市给参加退稻还旱工程的农户的补偿上涨到 450 元/亩的补偿；2008 年，补偿标准再次上升到了 550 元/亩，这一补偿标准一直沿用至今。工程实施期间，河北地区政府对水稻种植进行监管和审查，保证不出现重新种植水稻的现象。另外，北京市也通过卫星遥感数据监测、河流断面监测、水库实时数据等多种途径观察项目实施效果,并曾于2006—2007年在河北地区调研农户收入水平,采集农户数据用于调整工程补贴标准。

项目实施以来,工程合作协议均为"一年一签",每一年均由北京市水务局与张家口市水务局、承德市水务局签订退稻协议,另外,张家口市、承德市为北京市提供工程评估数据和报告,对工程实施概况进行基本总结。工程实施基本情况总结见表3.3。

表3.3　　　　　　　　　退稻还旱工程实施基本情况

时间	目标	合同双方	内容
2006—2011 年	密云水库上游地区"保证水质、增加水量"	北京市水务局与承德市政府、张家口市赤城县政府	上游地区禁止种植稻作;禁止施用农药;禁止施用化肥
	补贴标准	参与面积	执行方法
	2006 年 350 元/亩;2007 年 450 元/亩;2008 年 550 元/亩	截至 2008 年,赤城县3.2 万亩,承德市7.1万亩	由当地政府代表农民签署协议,并监督退稻工作开展,并在后期进行核准

资料来源:根据调查资料整理。

以潮河流域和白河流域为基准,标定了退稻还旱工程可能影响到的行政区域范围,如图3-3所示。

潮白河沿河农户大部分具有种植水稻的灌溉条件与耕作习惯,在地理关系上体现为沿潮白河分布,相对集中于张家口赤城县、承德市滦平县和丰宁满族自治县境内。退稻还旱工程在河北省境内的实施范围即为该三县的行政边界范围。

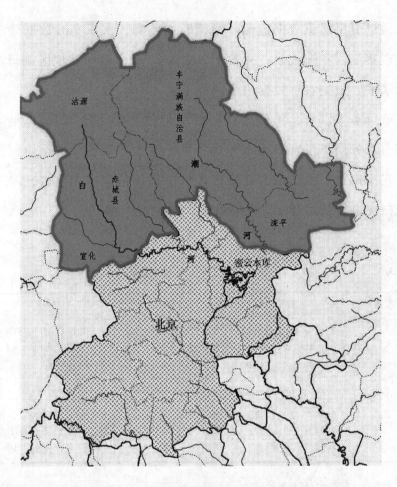

图 3 - 3　退稻还旱工程影响行政范围示意

二　案例项目评估

（一）退稻还旱工程对农户福利的影响

退稻还旱工程在农户层面的具体实施主要从两方面展开，分别是改变农作物种植结构和对农户进行工程补贴，二者从不同侧面改变农户的种植结构与收入水平。

改变农作物种植结构方面，要求项目村农户全部禁止种植水稻，改种以玉米为代表的旱作物。张家口部分地区禁止农户使用化肥和农药，与禁止水稻种植合称"三禁"，目的是从水量和水质两方面保证北京市用水。2005年和2006年项目地区政府分别对现有的水稻田进行了普查和标记，重新划定水稻田面积并进行逐一登记，形成农户名单和面积汇总结果。2006年开始实行退稻，并对农户是否重新种植水稻进行了监督管理。根据调查资料，项目地区政府是该项目的主要执行者和监督者，北京市政府与当地政府进行协商、签约之外，从河道截面、遥感卫星图像两方面对工程的具体实施效果进行考察和评估。

工程补贴是农户关心的核心要素，是北京市推动该工程的主要成本，补贴的高低直接关系着农户参与实施该工程的意愿，从而影响着工程实施质量，也关系着北京市实行该项目的成本有效性。换言之，工程补贴过高或者过低，都不能成为水资源价值水平的有效体现。

北京市对农户按照统一的标准进行补偿，但在工程实施过程中，赤城县、丰宁满族自治县和滦平县针对实际情况，对实际支付给农户的标贴标准进行了调整。针对不同灌溉条件水稻田采用了不同补贴标准（见表3.4）：（1）高度低于河水平面而长期淹没的洼地，由于只适宜种植水稻，因而在退稻后无法种植其他旱作物，补贴约1000元/亩；（2）高度跟河水平面基本持平，灌溉条件良好，可以种植旱作物但对作物产量有重大负面影响的水稻田，给予约700元/亩的补贴；（3）本来种植水稻，改种旱作物后通过改变灌溉行为即可满足旱作物生长要求的水稻田，给予550元/亩补贴，这和北京市的补贴标准一致；（4）部分湿荒地，在 2005 年进行审核的时候并无作物，但是有水稻种植能力的地块，补偿 320 元/亩；（5）在 2005 年进行审核时种植旱作物（如玉米、谷子），但是有能力通过改变灌溉行为种植水稻的地块，为了防止农户种植水稻，给予补偿 100 元/亩；（6）部分村为了让减小政策实施压力，全面推行退稻，将全村的退稻补贴资金进行均分，保证该村每户农户都享有退稻补贴，平均 55 元/亩左右。

表 3.4　　　　　　　　　　　退稻还旱地块类型及其补贴标准

退稻地块类型	补贴标准（元/亩）
洼地	约 1000
不适宜种植旱作物的湿地	700
普通地块	550
湿荒地	320
适宜种植水稻而种植大田作物地块	100
补贴均分	55

资料来源：根据调查资料整理。

　　工程补贴标准设计的最主要动机是弥补农户退稻的机会成本。虽然工程通过改变农户的作物种植结构，对农户的生活产生了一系列综合影响，但在农户的短期决策体系中，参与退稻还旱工程的主要收益即为工程补贴，成本即为退稻机会成本。调查结果显示，水稻种植过程中的主要成本为劳动支出，水稻种子可通过前一年的生产活动进行积累，水稻化肥投入主要为碳铵，价格相对低廉；玉米种植的主要成本为种子购买、化肥中的尿素投入、耕地过程中役畜的喂养以及雇工费用等。

通过计算农户 2005 年亩均水稻收入和亩均投入成本、2010 年亩均玉米收入和亩均投入成本，并折现作差，与工程补贴进行直接比较。以农户退稻的盈亏率来代表工程补贴水平的有效性：

$$\pi = s/c$$

s 代表某农户所获得的工程补贴，c 表示该农户 2010 年种植水稻与种植玉米的机会成本差，亦即该农户 2010 年种植玉米（退稻）的净收入与种植水稻（未退稻）净收入之差，π 代表盈亏率。容易得出，当盈亏率等于 1 时，农户得到的补贴刚好可以弥补其退稻的机会成本。以 106 户农户的生产数据为基础，模拟得出农户退稻的盈亏率曲线，见图 3-4。

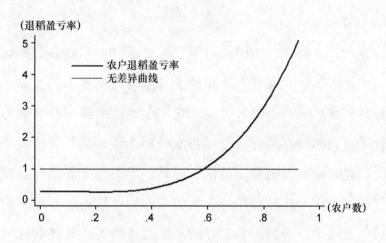

图 3-4　农户退稻机会成本与补贴盈亏率

图中，与横坐标轴平行的曲线 $\pi = 1$ 代表了农户恰好得到有效补贴的水平，蓝色曲线代表模拟得到的退稻盈亏率曲线。由图中观察得到推论，部分农户获得的工程补贴高于其退稻机会成本，部分农户则受损；约60%的农户的机会成本没有得到有效补偿。实际数据分析结果中，55%的农户退稻机会成本高于该户获得的工程补贴。虽然北京市通过审核退稻面积给予了统一补贴，但工程实施过程中的地区差异和农户的异质性决定了并非所有农户均能得到高水平的补偿。

另据调研对农户参与工程的满意度调查显示，40.28%的农户对工程补贴表示非常满意，另有17.36%的农户表示基本满意，42.36%的农户表示不满意。农户满意程度部分反映了工程补贴对农户退稻机会成本的弥补力度，这一数据与退稻盈亏率曲线的模拟结果基本相符。

1. 数据收集

研究人员（范杰，2010）对河北省张家口市赤城县水务局工作人员、承德市丰宁满族自治县和滦平县水务局工作人员、北京市密云县和延庆县水务局工作人员以及这三个地区的样本村村干部和农户进行了访谈和问卷调查。通过与水务局工作人员的访谈，了解当地主要农业政策和农业耕作习惯、退稻还旱工作开展情况、农户生活特点和基本收入状况。并着重了解农作物种植用水方面的主要技术数据、当地执行退稻还旱工程的补贴发放情况。对样本村村干部采用结构化访谈的方式，依照问卷结构和内容，了解村基本地理特征、村财政状况、农业生产行为、农田用水行为和节水技术、退稻还旱工程的实施状况；对样本村农户同样采用结构化访谈的方式，了解家庭基本特征、家庭非农就业状况、农田投入产出数据、家庭收支数据、家庭资产状况以及退稻还旱工程的参与和补贴情况。

本次调研的目标地区覆盖了北京市密云水库上游潮白河流域的部分沿河地区，包括上游地区河北省内参加退稻还旱项目的项目乡镇和非项目乡镇，项目乡镇中的项目村和非项目村，以及下游北京地区参加退稻还旱和退稻还林的项目村和非项目村，以每个村随机抽取 10 户农户的比例，总共考察了 36 个村 357 户农户 2005 年和 2010 年两年的生活生产数据。

本调查在考虑抽样策略时，为了更好地比较参与项目农户与对照组农户的福利改变和用水行为，首先在每个项目乡镇内随机抽取项目村；在项目村的地理边界邻近范围寻找非项目村作为对照组加入调研样本；并在上游非项目乡镇随机抽样，寻找对照村加入调研样本；在下游北京的延庆和密云地区同样随机抽取了 10 个村作为下游对照组加入调研样本。值得说明的是，延庆地区的 6 个村均在 2003 年进行了退稻项目，分为退稻还林和退稻还旱两类，可认定北京地区农户在 2005—2010 年没有受到该项目的外来冲击影响。视研究需求，河北地区非项目户以及北京地区农户均可能作为对照组，为河北地区退稻还旱工程的影响提供对比依据。

2. 农户福利影响评估

（1）基于倍差法（Difference in Differences，DID）的项目影响评价

研究人员使用倍差法对样本进行计量分析，结果显示：家庭人口、户主性别、户主受教育程度、土地数量、土地灌溉比例、农作物销售比例均对收入有显著的正影响，且女性户主的家庭收入更

高。年份（是否于2010年实施项目）和是否属于项目地区这两个变量对收入有显著正影响，说明农户的收入确实在随时间增长（此处收入已经剔除通胀因素，因此是可比的真实收入），而项目地区农户收入高于非项目地区农户。

进一步考察退稻还旱工程是否在影响农户总收入的同时影响了农户收入结构，分析结果显示：不同的家庭特征对不同分项收入（工资性收入、经营性收入、财产性收入与转移性收入）的影响各异。具体表现为，人口、土地数量、人均土地面积、年份、是否属于项目村与工资性收入比例显著相关；人口、土地数量、人均土地面积、土地灌溉比例、农作物销售比例对经营性收入有显著正影响；户主性别、受教育程度、灌溉比例、年份、工程净影响对转移性收入有显著正影响；人口、民族、是否曾任村干部、灌溉比例、年份在资产性收入模型中表现为显著。在该部分结果中，只有转移性收入模型中，工程净影响对农户家庭收入有显著正影响，工程对农户的收入结构影响存在但有限。

综上所述，控制了可能对收入产生影响的重要变量后，衡量项目净影响的主要变量与家庭收入的关系并不显著。各分项收入中，转移性收入受到工程影响呈现出显著增长，其他分项收入并无显著变化，农户家庭收入结构无重大改变。这一结论主要说明北京市政府确定的补贴标准是"有效"的。在该标准下，农户通过参与退稻还旱工程并没有受到福利损失，对于农户整体来说，至少是一个无差异的政府项目。从北京市的角度看，如果通过该交易改善了用水效率，则对交易双方而言，退稻还旱工程将完成一次帕累托改善。

（2）基于倾向得分匹配法（Propensity Score Matching, PSM）的项目影响评价

通过对各项家庭福利指标的比较发现，退稻还旱工程项目户的家庭总收入确实有显著增长，在分项收入中，工资性收入和转移性收入极可能有显著增加，大多数匹配方法显示经营性收入没有显著变化。对于农户非农工作时间的衡量，几乎所有匹配方法均显示项目户在退稻还旱工程实施以后，投资更多时间于非农工作。经过敏感度检验，该分析结果较为稳健。

倾向得分匹配法对农户福利的分析可以得出两个结论：①农户的家庭收入水平确实因为退稻还旱工程而有所增加，工程补贴标准足以弥补农户放弃水稻种植的机会成本，是有效的补贴标准。这一补贴水平也决定了农户将有自主意愿参与该项目而获得福利改进，该补贴在一定程度上代表了这种非正式水权交易中的水价。②农户的收入结构在退稻还旱工程的影响下发生了改变，农户获得工程补贴以增加转移性收入的同时，由于水稻与玉米种植之间的劳动力投入差异，项目户在非农工作上投入更多劳动力，获得了更多回报。这一点在倍差法回归模型的检验过程中并不显著，但倾向得分匹配法通过克服异质性观察到了这一变化。

综上所述，通过倾向得分匹配法验证：退稻还旱工程实施后，潮白河流域上游地区农户收入增加，收入结构发生变化，总体福利有所改善。分析证明工程补贴有能力弥补农户退稻的机会成本，在经济补偿方面为工程的可持续性提供了有力支持，同时保证了农户的供水意愿。从水权交易的层面讲，分析结果表明该水权交易的水

价水平不低于农户节水的平均成本，保证了农户的福利水平。在此前提下农户极可能有意愿参与水权交易，通过自身的节水行为向城市生活用水部门供水。

（二）退稻还旱工程的节水效应

1. 工程对农作物种植结构的影响

退稻还旱工程要求农户改变农作物种植结构，其出发点是水稻种植消耗水量大，而玉米等旱作物耗水量相对较小。因而工程执行的标准只对农作物种植结构进行观察和规范。研究人员调查搜集了样本村主要种植的粮食作物和经济作物播种面积、灌溉面积和灌溉行为方式。统计结果显示，除了玉米面积增加、水稻种植面积减少这一主要现象，谷子、胡麻、大田蔬菜、水萝卜、大白菜、板栗、树苗等种植面积也有较为明显的增加，可归纳为经济作物种植面积的增加和林业的发展，该现象说明在2005—2010年除了退稻还旱工程直接作用于水稻种植以外，村庄和农户也可能利用这段时间和这个机会寻求了更多的发展，借助农业林业技术拓展了生产方式和途径。经济作物和林业生产可能要求更高的成本投入、更长的回报周期和更先进的生产技术，这既可能是5年间各个村庄的经济发展和农户福利增长带来的变化，也可能是退稻还旱工程给农户创造了一个重新分配资源、利用资源和进行实践尝试的机会。

总结以上分析，可以看出退稻还旱工程的执行效果良好，水稻种植几乎全面积退出了潮白河流域。另外，水稻退出后，玉米种植面积大幅度增加，部分经济作物和林业得到发展。

2. 潮白河流域节水效应

（1）作物种植结构与耗水量

统计结果显示，项目村在 2010 年农田总耗水量显著减少，而非项目村耗水呈增加趋势。但需要注意的是，2010 年项目村玉米地亩均耗水 54.56 立方米，较 2005 年玉米地亩均耗水 44.89 立方米增加 21.54%；2010 年非项目村玉米地亩均耗水 72.88 立方米；较 2005 年 48.82 立方米增加 49.82%。虽然与项目村相比，非项目村的玉米地耗水增加幅度更显著，但玉米种植以及玉米地耗水均不受退稻还旱工程限制，所以这可能使得工程预期的调水量减少。若以赤城县、丰宁满族自治县、滦平县三地的玉米种植面积为例进行计算，共计 783225 亩玉米地的 2010 年总耗水量可能较 2005 年增加 458 万立方米用水。458 万立方米新增用水相比退稻节约 7210 万立方米，占据 6.4%，不可忽略。

表 3.5　　　　　　　　两年样本村玉米、水稻种植面积比较

作物种植面积	2005 年		2010 年	
	项目村	非项目村	项目村	非项目村
玉米种植面积（亩）	11508	13540	19323	12890
合计	25048		32213	
总计	57261			
水稻种植面积（亩）	8270	30	0	0
合计	8300		0	
总计	8300			

资料来源：根据调查资料整理。

　　此外，退稻还旱工程的设计思想是通过节约水稻田用水，减少从潮白河抽取的水量，增加河道地表径流量，从而增加密云水库来水。但是由于水资源的流动性，潮白河河道径流量受多种因素影响，当年气候条件，水库放水水量、土壤条件等均可能对地表径流产生影响。另外，人为用水增加同样有能力减少地表水量，华北平原极端缺乏的地下水资源为我们提供了一个典型的案例。由于地表水与地下水相互连通、相互补给、地表水与大气直接接触，因而从河道取水并非唯一减少地表径流的方法。

　　对调研地区农地灌溉用水来源的描述性统计显示，项目地区实行了退稻还旱工程以后，水稻面积大幅度降低，使用地表水灌溉的面积从 11350 亩下降到 4995 亩，下降了 56%；而使用地下水灌溉的面积从 3946 亩上升到 7756 亩，增长了 96%。非项目地区与项目地区相比，地表水使用和地下水使用均发生了增长。根据对农户水稻种植行为的观察，由于水稻种植耗水量大，其灌溉方式往往是从河流建渠引水，因而以地表水灌溉方式为主。退稻还旱工程实施以后，使用地表水灌溉的农地面积大幅度降低到预期范围内。此外，地下水灌溉面积的大幅度增加格外引人注意，5 年内地下水灌溉面积增长近一倍，既可能源于地下水基础设施的改善，也可能源于对地下水设施的更高效利用，即农户的行为变化。无论前者还是后者，我们都可能观察到地下水用量大幅增加的结果。地下水用量的增加可能导致地下水水位下降，地表水反补地下水，从而难以形成更加充足有效的地表径流。

　　进一步观察不同作物类型的用水来源，大部分水稻田在 2005 年使用地表水，少部分使用地下水补给灌溉用水。项目村中玉米地使用地表水的面积在观察期内并无显著变化，但 2005 年只有 2390 亩使用地下水的玉米地，2010 年有 4356 亩使用地下水，2775 亩同时使用地表水和地下水，即 2010 年玉米种植使用地下水的强度明显增加。这一主要观察结果在非项目村同样存在。由于玉米是该地区的主要粮食作物，亦是主要的旱作物，所以其灌溉用水来源具有良好代表性。在蔬菜方面，项目村蔬菜面积和使用地下水灌溉面积均有所增加，且绝大部分蔬菜只使用地下水进行灌溉。上游地区推行蔬菜种植的村落倾向于开拓地下水资源，以村集体集资、集中打井管道送水并配合喷灌等技术支持蔬菜种植。

表 3.6　　　　　　　　两年样本村主要作物种植面积

作物名称	2005 年播种面积（亩）	2010 年播种面积（亩）
玉米	25048	32213
水稻	8300	0
高粱	50	0
谷子	3130	4087
黍子	35	60
糜子	30	30
土豆	475	485
大豆	207	225
红豆	60	20
花生	80	0
葵花	30	85
蓖麻	40	40
胡麻	55	500
大田蔬菜	56	156
水萝卜	15	285

作物名称	2005 年播种面积（亩）	2010 年播种面积（亩）
大白菜	375	629
胡萝卜	10	10
西葫芦	0	35
苹果	1100	0
梨	30	1130
板栗	0	300
树苗	0	310
黄芹	0	75
菜花	0	125
杂粮	872	1052

资料来源：根据调查资料整理。

村级调研数据表明，地表水使用确实大幅度减少，但地下水使用量增加的现象得到确认，尤其以玉米为代表的旱作物近年来灌溉用水普遍使用地下水资源，增长较为迅速。地下水使用量的增加极可能成为玉米地用水量增加的原因。更加良好的灌溉基础设施条件和积极的农田水利开发政策环境促使本来不进行灌溉、"靠天吃饭"的农户开始采纳灌溉行为，也可能使得灌溉条件较差、灌溉量较小的部分农户拥有更高的灌溉积极性。上游地区农田水利开发政策并非退稻还旱工程的内容，但可能对退稻还旱工程的调水能力产生影响，导致工程的节水效应产生泄漏。

总体而言，退稻还旱工程的节水效应十分明显，由退稻带来的数千万立方米节水量十分可观。但由于水资源的流动性和农户灌溉行为变化，退稻还旱工程仅着力于作物种植结构改变，类似于北京市与潮白河上游地区在水资源管理合作上签订了不完全契约。该契约的不完整性体现在并未限制退稻后的作物类型并加以监督，并未控制拥有灌溉能力的其他水浇地，并未与其他政府部门沟通协调以了解农村农田水利的发展动态。高调水量和低成本是工程的理想成果，但事实上为了缓解北京市用水危机，对调水量和调水价格的理性预期，或者达到买水目标的合理水资源价格，是北京市决策是否推行该工程的重要依据。肯定泄漏现象的存在，以及对泄漏现象的科学认识有利于进一步指导未来的工程设计和实施过程，也利于北京市了解真实的买水价格，在非正式水权交易中设定更加理性的水价与更加完整的交易契约。

（2）以农地地块为基础的耗水量分析

地块是农业生产活动的基本劳动单位，地块投入产出的变化是农户进行生产决策的重要体现。在农田总耗水量增加的原因中，除了前面讨论的经济作物和林业发展带来的耗水量，还要特别关注是否存在泄漏现象。

表 3.7　　　　　　两年样本村农田耗水量比较（调查数据）

是否为项目村	2005 年		2010 年	
	玉米地亩均耗水量（立方米）	农田耗水量（万立方米）	玉米地亩均耗水量（立方米）	农田耗水量（万立方米）
项目村	44.89	558.51	54.56	143.93
非项目村	48.82	113.54	72.88	160.93
合计	—	701.24	—	340.50

资料来源：根据调查资料整理。

　　计量分析结果显示，河北地区项目村玉米地在灌溉行为上并无泄漏现象发生，但河北地区非项目村玉米地与北京市地块相比，用水量发生了显著正增长。该增长不同于普通的玉米地用水增长，而高于北京市地区玉米地用水增长速度，十分可能成为退稻还旱工程调水量的泄漏来源。这一显著的回归结果能够为上游地区地块用水行为的变化提供支撑，证实了泄漏现象存在的可能性。

　　以玉米为代表，本研究分析了旱作物灌溉行为改变的泄漏现象，通过观察玉米地块用水量增长证实了旱作物用水并非一成不变，其灌溉用水增长可能抵消退稻的节水效应。对泄漏现象进行观察的重要性在于泄漏具有增长潜力，可能发展成为导致工程失败的原因。不难想象，如果上游地区广泛发展农田水利，大幅提高旱作物灌溉水平，或大面积推广蔬菜等经济作物种植，其用水量亦可能达到可观水平，甚至消耗大部分退稻的节水量。退稻还旱工程的根本目标是增加北京市供水，对调水量的准确预期是衡量工程成本有效性的重要依据。即使该泄漏并非源于工程本身，泄漏仍然可能影响工程目标的达成，从而导致工程失败。

三　案例分析结论

　　退稻还旱工程以节约农田灌溉用水为主要目的，改变农作物种植结构为主要内容，工程执行效果良好。根据调查数据分析，从项目地区农村生产情况来看，绝大部分水稻田已经改种旱作物，因此节约了大量农田灌溉用水；无农户在退稻后重新进行水稻种植，项目地区农药和化肥使用情况无显著变化；计量分析结果显示，农户参与工程后总收入水平有所提高，转移性收入和工资性收入有所提高，虽然工程补贴无法完全弥补农户退稻机会成本，但参与工程使得农户有能力在非农工作方面投入更多劳动力，增加家庭总收入。农户在有效补贴水平下福利并未受到负面影响。

另外，虽然剔除通胀因素的收入水平比较揭示了工程补贴标准的有效性，但补贴标准在 2006 年到 2008 年逐年上升与粮食市场价格变化亦不无关系。伴随近年粮食价格持续攀升，通货膨胀预期并不乐观，工程补贴作为弥补农户放弃种植水稻的收入损失，可能在未来面临更严峻的考验。由于本工程属于北京—河北地区用水合作项目，每年签署协议，建议将食品价格、通货膨胀因素等列入考虑，建立动态的水资源价格机制。

退稻还旱工程作为跨部门的水权交易新兴案例，其进行水资源分配的效率值得到肯定。从成本有效性的角度讲，北京市使用 0.79 元/立方米的价格从上游河北地区购到了每年近 7210 万立方米水，是调水措施中相对价格低、效率高的管理办法。纵然存在泄漏效应对该工程的节水能力进行了部分抵消，大面积水稻停止种植带来的巨大节水效应仍然不可忽视。与此相比，南水北调中线工程送水进入北京的工程成本为 7 元/立方米，相比之下较为昂贵。在水资源日益缺乏的今天，中国水利部门更应该继续寻找能够体现水资源稀缺性的办法，尝试更加合理有效的水资源配置。在跨流域调水已经屡见不鲜的今天，跨部门调水或许可能成为更加高效的水资源管理制度。退稻还旱工程的水权交易方法较好地实现了跨部门调配水资源，值得其他地区借鉴并不断完善推广。

由于退稻还旱工程在设计上只对农作物种植结构进行了部分规定，未能限制退稻后的作物结构，亦未能直接作用于农田用水量，且工程覆盖范围有限，以上因素导致工程的最终节水效应存在泄漏现象。统计结果显示退稻后地区潮白河流域作物种植更加多样化，以蔬菜为代表的经济作物和林木种植均得到不同程度的发展，而该现象带来的耗水量增加可能成为泄漏的来源；另外，非项目地区的农地灌溉行为在项目地区受到退稻还旱工程影响之后，也呈现出用水增加的趋势，说明不同地区之间用水分配的改变也可能导致泄漏。泄漏现象在本项目的评价体系中，既可能来源于项目设计的不完整，也可能来源于非项目地区所受到的其他政策影响。

泄漏现象的观察对于本研究的主要启示是发现可能存在的设计缺陷，并及时弥补，提高交易效率并降低交易成本。对泄漏现象进行观察的重要性在于泄漏具有增长潜力，可能发展成为导致工程失败的原因。如本案例中，蔬菜种植和非项目村的玉米地用水都还具有相当潜力可供发展，一旦经济或自然条件允许，其用水量极可能大幅度增长，从而抵消工程的节水效应。因此，在工程实施初期对泄漏现象的把握尤其重要：一方面有利于进行更加合理全面的工程设计，对可能导致泄漏现象的原因及时进行控制；另一方面也利于北京市对该交易的效率重新进行评估，有能力对调水量和调水价格做出理性预期，或者达到买水目标的合理水资源价格。

第四章

中国主要用水部门间水权交易的
潜在收益研究

在用水的三大部门：工业，农业和城市居民生活用水中，中国农业用水占了决定性的比重。2005 年，中国用水总量为5633 亿立方米，其中生活用水占 12%，工业用水占 22.8%，生态用水占 1.6%，农业用水则高达 63.6%（中华人民共和国水利部，2005）。尽管农业用水量近年来有下降的趋势，2008年中国用水总量增加到了 5910 亿立方米，而农业用水的比重下降为 62%（中华人民共和国水利部 2008），但农业用水是中国最大的用水部门这一事实短期内都不会改变。造成这一事实的重要原因之一就是中国水价偏低，没有反映水资源的稀缺价值，特别是农业水价，长期以来处于免费或接近免费的状态（中国水利编辑部，1998；韩素华，秦大庸等，2004；马建琴，夏军等，2009）。大量的农业用水蕴含着巨大的节水潜力，目前中国的灌溉用水利用系数仅为 0.3—0.4，远低于发达国家的 0.7—0.9（赵江燕 2006）。节约的农业用水可以用于工业生产或居民生活，宁夏已经出现了农业水权向工业部门转移的试点工作，水利部也充分肯定了这些创新，认为需要引导水资源向高效益、高效率方向转移，实现以节水、高效为目标的优化配置（中华人民共和国水利部，2004）。本章就将初步探讨实现部门间水资源调剂可能带来的巨大收益。

◇◇ 第一节 研究方法

首先我们需要估计农业、工业和居民生活三大用水部门的用水需求曲线：

$$Q_i = Q_i(P_i, Z_i) \tag{1}$$

其中 $i = 1,2,3$ 表示部门编号：1 为农业部门，2 为工业部门，3 为居民生活用水。P_i 为各部门的用水价格，Z_i 为价格以外影响用水量的控制变量。反解（1）式即可得到用水价格和用水量的代数关系（或部门用水的逆需求函数）：

$$P_i = P_i(Q_i, Z_i) \tag{2}$$

（1）式假定水资源可以在农业、工业和居民生活三大用水部门间自由交易，三大用水部门将最终面对统一的水资源价格，即交易的均衡价格：$\dot{P} = P_1 = P_2 = P_3$。利用各部门的用水需求曲线（2）式，由各部门交易前的初始价格、初始用水量到均衡价格和均衡用水量的变化即可以计算三个部门在交易中用水量的变化和福利的变动，从而得到部门间水资源调剂可能带来的总体损益情况。

◇◇ 第二节 数据和结果

我们使用计量经济学方法估计工业部门和居民生活用水的需求曲线，分别使用的是 2005 年 4337 家工业企业的投入产出数据及 116 个城市居民用水数据。工业企业数据来自原环保总局和国家统计局，城市居民用水数据来自各省统计年鉴，工业用水和居民用水价格数据来自中国水星网。

一般来说，中国平均工业水价高于居民水价，唯一例外的地区是海南省。工业水价和居民水价差异最大的是华北地区和东北地区，尤其是海河流域（图 4 - 1）。2005 年中国平均居民用水价格为 1.355 元/吨，平均工业用水价格为 1.7 元/吨。

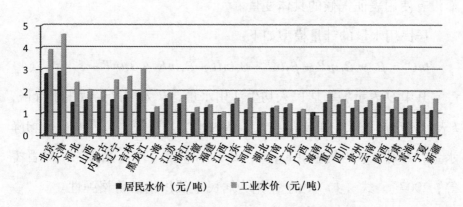

图 4 - 1 各地区 2005 年平均居民水价和工业水价

工业用水量的计量模型如下：

$$lnW = \beta_0 + \beta_1 lnP + \beta_2 lnY + \beta_3 E + \beta_4 R + \varepsilon \qquad （3）$$

其中 W 表示用水量，P 为用水价格，Y 为工业产值，E 表示企业为环保工作所做的努力，实际使用的变量为企业所排放工业废水的达标比例，R 表示企业所处的地区，实际中使用省级虚拟变量。这里的 β_1 即为工业用水量的价格弹性。在经典的工业用水需求模型中，控制变量通常还包括其他生产性投入（如资本，劳动力和原材料）、生产技术等（Young，2005）。但在我们的样本中，4337 家工业企业涵盖了 38 个大行业，生产技术和生产性投入根据所处行业及大行业的分支不同而变化巨大，缺乏统一的计量标准，因此我们粗略地认为这些控制变量的差异被误差项吸收了。另外，为了估算交易产生的福利变化，我们最关注的是用水价格和用水量之间的关系，因此在我们的计量模型中没有涉及生产技术和投入的具体变量。类似地，我们用省级虚拟变量来控制地区间差异，包括气候，而没有使用表征气候的具体变量。

居民用水量的计量模型如下：

$$lnQ = \beta_0 + \beta_1 lnP + \beta_2 lnI + \beta_3 lnH + \beta_4 lnR + \beta_5 lnT + \varepsilon \qquad （4）$$

其中 Q 表示城市居民人均生活用水量，P 为居民生活用水价格，I 表示城市居民人均可支配收入，H 为平均户规模，R 为城市平均降水量，T 则为平均气温（Espey，Espey et al.，1997；陈晓光，徐晋涛等，2007）。式（4）中的 β_1 则为居民生活用水的价格弹性。

中国农业水价的收取情况比较复杂，其历史沿革可大体分为四个阶段：20 世纪 60 年代以前，中国农业用水处于公益无偿供水阶段，农业用水是完全免费的；1965 年至 1985 年为政策性有偿供水

阶段，通俗地说，即政策规定农业用水需要按照供水成本收取一定
费用，但实际操作中并未严格执行，大部分地区的农业用水依然是
免费的，少数收取水费的地区收取的也只是象征性费用；1985 年至
1995 年是中国水价改革的起步阶段，农业用水开始按照供水工程成
本收费；1995 年至今为中国水价改革的发展阶段，2003 年国家发
改委和水利部联合颁布了《水利工程供水价格管理办法》（以下简
称《水价办法》），规定农业用水按补偿供水生产成本、费用的原则
核定，各地可根据水资源丰缺状况和供求状况自主确定，鼓励推行
基本水价和计量水价相结合的两部制水价。这里的水价通常指灌区
对农业用水收取的水费，而对广大非灌区的农业用水费用不做规
定。因此，我们很难获得统一口径的各地区农业用水价格，仅能从
各地在《水价办法》颁布之前的农业工程水价窥测大概（见表
4.1）。在 2004 年《水价办法》生效之前，中国的平均农业工程水
价为 0.03 元/吨，其中不少南方省份采用了实物水价。

表 4.1 　　　　　　　　改革前中国农业工程水价

地区	农业（粮食）用水（分/吨）	地区	农业（粮食）用水（分/吨）
北京	2	河南	4
天津	4	湖北	4（以粮计价折算）
河北	7.5	湖南	3.2（以粮计价折算）
山西	6.18（1996 年平均）	广东	1
内蒙古	2.3	广西	3（以粮计价折算）
辽宁	3	海南	1.7（以粮计价折算）
吉林	3（综合）	四川	3.1（1996 年平均）
黑龙江	2.4	贵州	2（以粮计价折算）
上海	1.5	云南	2（综合）

续表

地区	农业（粮食）用水（分/吨）	地区	农业（粮食）用水（分/吨）
江苏	1（综合）	陕西	3.9（1996 年平均）
浙江	1.5（以粮计价折算）	甘肃	不低于 3（自流）
安徽	4.2（以粮计价折算）	青海	4（以粮计价折算）
福建	3.5（以粮计价折算）	宁夏	0.6（自流）
江西	1.6（以粮计价折算）	新疆	1.8（1996 年平均）
山东	3.22（1996 年平均）	重庆	3（综合）

资料来源：中国水利编辑部，1998。

由于缺少农业用水情况的数据，我们没有具体估计农业用水需求模型，而是取用了国内其他学者研究估计的农业用水价格弹性的均值（见表4.2）。

表 4.2　　　　　　　农业用水需求的价格弹性的主要研究结果

灌区或地区	弹性系数
宁夏引黄灌区[*]	0.131
河南人民胜利渠灌区[*]	0.372
陕西宝鸡峡灌区[*]	0.565
陕西东雷抽黄灌区[*]	0.716
自流引水灌区[**]	0.33
水库供水灌区[**]	0.29
机电排灌区[**]	0.52
上中游提水灌区[***]	0.71
中游提水灌区[***]	0.619
中下游灌区[***]	0.741
江苏省高扬程灌区[****]	0.278
全国均值	0.48
黄河流域均值	0.499

注：[*]（裴源生、方玲等，2003）；[**]（畅明琦、刘俊萍，2005）；[***]（毛春梅，2005）；[****]（周春应、章仁俊，2005）。

　　为了估算部门间水权交易可能带来的收益，简化计算过程，并将农业用水部门也纳入交易框架，我们可以在计量模型（3）、（4）和文献获得的农业用水价格弹性的基础上得到三部门用水价格的简化模型：

$$P_i = A_i^{(-\frac{1}{\beta_i})lnQ_i} \tag{5}$$

　　这里 $i = 1$，2，3 仍表示部门编号：1 为农业部门，2 为工业部门，3 为居民生活用水。P_i 为各部门的用水价格，Q_i 为各部门的用水量，β_i 为各部门用水量的价格弹性，A_i 为除价格外其他控制变量的平均效应，可由各部门用水量和平均用水价格计算获得。

　　我们在研究中考虑了两个尺度的交易形式：一为全国范围内的交易；二为仅限于黄河流域的交易。2005 年全国总用水量为 5633 亿吨，黄河流域总用水量为 381.5 亿吨（中华人民共和国水利部，2005）。表 4.3 列出了两个尺度下估计需求曲线简化模型分别所需的主要参数，代入式（5）就可计算 A_i，从而得到各部门的简化用水需求曲线（见图 4-2）。

表 4.3　　　　　　　　　三部门用水需求曲线估计所需主要参数

		全国	黄河流域
农业	用水量（亿吨）	3582.59	284.1
	平均水价（元/吨）	0.07	0.07
	价格弹性	0.48	0.499

		全国	黄河流域
工业	用水量（亿吨）	1284.32	55.6
	平均水价（元/吨）	1.7	1.826
	价格弹性	0.309	0.667
居民生活	用水量（亿吨）	675.95	38.3
	平均水价（元/吨）	1.355	1.564
	价格弹性	0.244	0.207

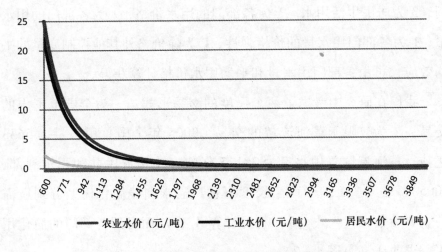

图4-2　三部门用水价格和用水量的函数关系

给定三部门一定的用水总量，求解非线性方程组：$P_1 = P_2 = P_3$，即可以获得均衡用水价格 $\overline{P}$ 和此时各部门的用水量 Q_1、Q_2、Q_3。

以全国范围为例，若保持2005年用水总量5633亿立方米不变，求解得到的均衡水价为0.21元/吨。为了达到均衡，农业部门将向工业部门和居民生活出让约40.93%的用水量（见表4.4）。

表 4.4　　　　全国交易前后各部门用水量变化（用水总量不变）　　单位：亿吨

	实际用水量	均衡用水量	变化率
居民生活	675.96	1065.8	57.67%
工业	1284.32	2450.8	90.82%
农业	3582.59	2116.4	-40.93%

再以黄河流域为例，我们考虑两个情景。

情景一：假定维持 2005 年总用水量 381.5 亿吨不变，求解得到的均衡水价为 0.293 元/吨。表 4.5 列出了各部门在交易前后的用水量变化，可以看到如果交易存在，工业用水部门的用水量将大大增加，交易后的工业用水量将超过交易前的三倍，而农业部门将成为唯一的卖方，交易后将减少 51.09% 的用水量。

情景二：假定黄河流域的地下水没有超采。据估算，黄河流域目前流域内的地下水开采袭夺了 30 亿—40 亿立方米的地表水，本情景取 35 亿立方米，即黄河流域总供水量减少 35 亿立方米。此时求解得到的均衡水价为 0.35 元/吨。两个情景下各部门用水量变化情况见表 4.5。

表 4.5　　　　　　黄河流域交易前后各部门用水量变化　　单位：亿吨，%

		实际用水量	均衡用水量	变化率
情景一	居民生活	38.3	54.2	41.43
	工业	55.6	188.4	238.79
	农业	284.1	139	-51.09
情景二	居民生活	38.3	52.2	36.29
	工业	55.6	167.2	200.73
	农业	284.1	127.1	-55.27

在情景一，用水量交易后，农业当年向其他部门转让 145 亿吨；在情景二，农业向其他部门转让 157 亿吨水。这两个量都相当于南水北调一条线的调水量，可见建立水权交易制度对缓解工业和城市增长带来的水资源矛盾有巨大的潜在贡献。

在设定的交易情景下，我们可以计算三大用水部门在交易前后的福利变化。其中工业用水部门和居民生活用水部门作为买方，其福利变化表现为消费者剩余的净增加（图 4-3 阴影部分），其数学表达式为：

$$\Delta W_i = Q_{i0} P_{i0} - Q_i \bar{P} + \int_{Q_{i0}}^{Q_i} P_i(Q_i, Z_i) d Q_i = Q_{i0} P_{i0} - Q_i \bar{P} + \int_{Q_{i0}}^{Q_i}$$

$$A_i^{(-\frac{1}{B_i})lnQ_i} d Q_i, (i = 2,3) \tag{6}$$

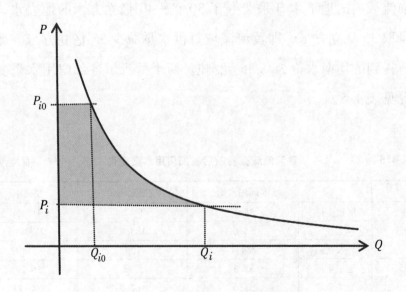

图 4-3 水权交易买方福利变化示意

　　而农业用水部门作为卖方，其福利变化表现为卖水收益（图
4－4竖线部分）减去消费者剩余的净变化量（图4－4横线部分）[1]，
其数学表达式为：

$$\Delta W_i = \bar{P}(Q_{i0} - Q_i) + Q_{i0}P_{i0} - Q_i\bar{P} + \int_{Q_{i0}}^{Q_i} P_i(Q_i, Z_i)\,dQ_i =$$

$$\bar{P}Q_{i0} + Q_{i0}P_{i0} - 2Q_i\bar{P} + \int_{Q_{i0}}^{Q_i} P_i(Q_i, Z_i)\,dQ_i \qquad (7)$$

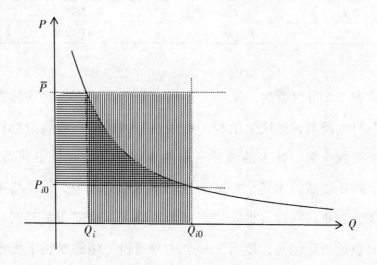

图4－4　水权交易卖方福利变化示意

　　将表4.5的各部门交易前后用水量和均衡价格代入式（6）和

式（7），即可获得各部门水权交易前后的福利变化，三部门的福利变化之和即为部门间水资源调剂的总收益。

表4.6　　　　　　　　　黄河流域交易前后福利变化　　　　　单位：亿元

	情景一	情景二
居民生活	55. 52	52. 49
工业	139. 11	128. 998
农业	0. 91	5. 76
总收益	195. 53	187. 25

从表4.6可以看到，如果以市场交易为原则，让水资源在各用水部门自由调剂，居民生活和工业用水部门的消费者剩余都将大大增加，而农业部门减少的消费者剩余也将从卖水收益中获得补偿，最终获得正收益，尤其是在减少总用水量的情景中，由于均衡水价的提高，农业部门收入也随之有显著提高。三个部门福利变化带来的总收益近200亿元，相当于一个中等省份一年的水利工程投资总额。最重要的是，福利分析表明水权交易带来的是三方共赢的局面。

◇◇ 第三节　结论

中国（特别是北方地区）在经济发展过程中水资源供需矛盾日益突出，其中，增长速度较快的城市居民消费和工业部门与传统用水大户农业争水局面日益严重。由于缺乏有效的产权安排，市场机制的作用未能充分发挥，水资源配置效率低下。解决北方用水矛盾，首要的办法应该是发挥市场作用，提高水资源利用效率（汪恕诚，2004）。本文估计了全国和黄河流域工业、农业、城市居民三大用水部门的需求曲线，在假设存在水权交易市场前提下，对水权交易的可能结果进行了分析。得出结论如下：以黄河流域为重点，如果存在水权交易，则三大部门用水量结构会发生巨大变化，农业部门在不改变农业生产规模前提下，可当年出售给其他两个部门145亿—157亿吨水，这相当于南水北调一条线的年调水量。福利分析表明，交易使三大部们的福利水平都有不同程度的提高，对国民经济具有真实的贡献，能够带来三方共赢的局面。

第 五 章

农村水管理制度与政策的
变革及影响

　　尽管灌溉农业对中国的粮食安全至关重要，然而中国存在着严重的水资源短缺问题。全国水资源总量虽号称2.8万亿立方米，位居世界第六位（水利部，2008），但人均拥有的水资源量仅为世界人均水平的1/4，在世界上排在第121位，并被列为13个贫水国家之一。中国目前有18个省（自治区、直辖市）人均水资源量低于联合国可持续发展委员会审议的人均占有水资源量2000立方米，其中有10个省（自治区、直辖市）低于生存的起码线。缺水状况日趋严重，20世纪90年代以来，全国平均每年因旱受灾的耕地面积近4亿亩，比20世纪70年代增长2.3倍，现全国灌区每年缺水300亿立方米左右，668个城市中有400多个城市供水不足，年缺水量约60亿立方米（水利部和原国家计委，1999）。

　　另外，由于降雨的时空分布和年内分配的差异，水资源在地区上的分布极不均匀，北方水资源贫乏，南方水资源较丰富，南北相差悬殊。北方地区拥有全国45%的人口和64%的耕地，但可用水资源量仅为全国的19%。北方地区不仅可用水资源量低于全国平均水平，而且水资源供给趋于下降（水利部，2008）。在过去的20多年，北方几条主要河流的地表径流量显著减少。海河的径流量减少41%，黄河、淮河和辽河的径流量也分别减少了15%、15%和9%（陈雷，2004）。由于地表水供给减少，再加上各地区之间的竞争越来越激烈，北方的几个主要流域（诸如黄河和海河流域）相继出现了严重的断流现象，下游地区的用水需求难以得到有效保障。

随着地表水资源日趋减少，北方地区的农民开始开采地下水资源，地下水已成为该地区灌溉用水的主要水源。20世纪50年代初期，北方地区地下水的开采几乎为零，地下水灌溉面积的比例仅为1%（Wang et al.，2007）。到了20世纪70年代，地下水的开采得到了快速发展，占总灌溉面积的比例提高到30%，之后地下水灌溉面积继续扩大。到1995年，地下水占灌溉用水量的比例已经达到58%。2004年，北方大部分灌溉用水来自地下水资源，地下水灌溉面积所占比例高达近70%。

然而不幸的是，地下水的开发导致了地下水资源的过量开采和相关的多种环境问题。水利部1996年完成的一项全面调查显示，地下水的过量开采是中国最严重的资源问题之一（水利部和南京水利科学研究院，2004）。地下水的过量开采超过90亿立方米。在过量开采的地下水中，1/3以上来自深井，其中很多深井的地下水资源都是不可再生资源。地下水的过量开采还导致了地下水位的持续下降。河北省浅层地下水位年均下降1米左右；深层地下水位降低更快，年均超过2米（王金霞等，2005）。地下水资源的过量开采还可能导致地面沉降、海水侵入淡水地下蓄水层和沙漠化等环境问题。

迅猛发展的工业部门、不断发展的农业部门以及越来越富裕的城市人口，都竞相利用数量有限的水资源。1949—2004 年，中国用水总量递增了 430%，类似于全球用水量的增长速度（400%），但高于发展中国家的平均水平。随着工业和城市的发展，中国水资源的分配不断向非农部门倾斜。1949—2007 年，灌溉用水量占用水总量的比重从 97% 降至 65%。然而与此同时，工业用水量所占的比重从 2% 增长到 22%，生活用水量的比例则从 1% 增长到 13%。

面对供水量减少而需水量增加这种局面，国内外许多学者和决策者指出：中国面临水危机了。温家宝总理 1999 年就对中国水的局面以及缺水问题发出了警告。水利部官员指出，中国在为每一滴水奋斗，水危机在威胁国家的粮食生产。布朗在 2000 年就预言，中国的水短缺不久就会使各地的粮食价格上涨。南基韦尔在 2004 年表示，中国到了必须就解决水的问题做出关键决策的时候了。

然而，中国是否正面临水危机，并非所有人都心中有数。主要问题在于，大多数有关水的讨论，都是基于部分点上的资料，缺乏基于大规模实地调查的数据，因而对于整个事实并不是很了解。单凭这些点上资料，是很难判断缺水的严重性及区域差异性，因而也很难得出中国是否面临水危机的结论。更重要的是，面对水资源短缺，我们迫切需要了解政府部门做出了哪些制度和政策方面的反应，这些反应的成效如何？另外，农民又出了何种反应？他们的这些反应究竟是有利于缓解水资源短缺的状况，还是会使水资源短缺的程度加重？

本文的主要目的是围绕以上的这些问题展开讨论。我们不仅要基于大规模实地调查数据来对中国北方的水资源短缺程度加以了解；而且要通过定量和定性分析，系统深入地分析政府部门和农民在水资源管理制度和政策等方面做出的反应。本文的研究成果将为政策制定者制定有效的水资源管理政策提供重要的实证依据。

本文共分五部分，具体安排如下。第一部分首先介绍一下研究所用的数据来源及主要内容。第二部分是基于实地调研数据，分析过去中国农村水资源短缺的状况及变化趋势。第三部分主要是分析政府部门在应对地下水和地表水资源短缺中做出的在地下水资源管理政策和灌溉管理制度改革方面的反应及反应的成效。第四部分主要只分析农民在机井产权制度的变革、地下水市场的发育、水价和节水技术等方面做出的反应。第五部分是全文的总结和政策含义的讨论。

◇◇　第一节　数据

本文所用的数据主要来源于我们开展的多次大规模实地调查。这些调查共覆盖了北方8个省区（宁夏、内蒙古、辽宁、山西、陕西、河南、河北和甘肃）和南方2个省（湖北和湖南）近600个村的有关水资源利用、管理、制度和社会经济等方面的内容。这些省跨越了全国南北方四大流域的地区，分别为长江流域、黄河流域、海河流域和松辽流域。在这些调查中，最主要的是三次大规模实地调查，分别为中国水资源制度和管理调查（简称 CWIM）、中国北方水资源调查和世行用水协会调查。

我们共开展了三轮中国水资源制度和管理的跟踪调查（简称 CWIM），分别于 2001 年、2004 年和 2008 年完成。该调查访问了河北、河南和宁夏三省区的 80 个样本村的 340 个农户、70 条渠道的管理者和 110 眼机井的管理者。样本村是根据地理位置选取的（在海河流域，地理位置与水资源的短缺状况相关）。河北省的样本村是从邻近海岸的县、靠近山区的县，以及处于中部地区的县中随机选取的。河南省和宁夏的样本村是从靠近黄河的县，以及距离黄河不同距离的灌区中选取的样本县中随机选取的。

这次调查包括的内容很广泛。我们设计了四种调查问卷：村干部调查表、地下水管理者调查表、地表水灌溉管理者调查表和农户调查表。每份调查问卷都包括 10 多部分的内容。其中有主要针对农村水资源条件、地表水和地下水灌溉管理方式、水资源的政策法规和制度等的内容；也有关于作物用水量、地表水和地下水的供水可靠性、灌溉费用及节水技术等方面的内容。我们也收集了有关村、农户和地块的基本社会经济特征等方面的数据。问卷中也包括了地表水和地下水灌溉的水利设施的投资及其特征（如渠道、机井、泵及量水设施）的内容。在农户调查中，我们还收集了关于农户收入和农业生产的详细资料。

北方水资源调查（简称 NCWRS）是在 2004 年 12 月至 2005 年 1 月期间开展的。这次调查运用进一步扩展了的 CWIM 村级调查问卷，对北方的内蒙古、河北、河南、辽宁、山西和陕西 6 省的具有地区代表性的 400 个样本村的村领导进行了访谈。为了使调查样本在北方具有代表性，我们采用了分层随机抽样的方法选取样本。在每个具有地区代表性的样本省，我们将其所有的县按水短缺程度分成严重短缺、一般短缺、不短缺和山区/沙漠等 4 类地区。我们在每个样本县中随机抽取 2 个乡、在每个乡中随机抽取 4 个村进行调查。因此，这次调查样本的 400 个村分布在 100 个乡、50 个县和 6 个省中。基于随机样本的基础，通过对数据的加权分析，我们可以得出代表中国北方地区水资源开发、利用和管理等方面的信息。该调查的内容也很广泛。每份调查问卷包括 10 多个部分，其中包括村水资源状况、机井产权的演变、水资源管理、制度和政策规定等方面的内容。这次调查收集的是 1995 年和 2004 年的数据。

世行用水协会调查是 2007 年 3 月到 6 月在世行的 3 个项目区（甘肃、湖北和湖南省）开展的。在甘肃，我们调查了双塔灌区、刘川灌区和兴电灌区。在湖北，我们调查的是东风渠灌区。在湖南，我们调查的是铁山灌区。这次调查的范围包括 3 个省、5 个灌区和 6 个县。调查中，我们分别从三种类型的村中抽取样本，即有世行用水协会项目的村、非世行项目的用水协会村和无用水协会村。调查主要是访问了样本村的领导或用水协会的会长。总共选取了 60 个样本村，其中包括 30 个世行用水协会村、15 个非世行用水协会村和 15 个无用水协会村。在每个样本村，我们又随机抽取了 5 个农户，开展了参与式快速评估调查（PRA）。这样，共有 300 个农户参加了我们的调查。这次调查的内容也十分广泛，包括了村水资源短缺状况、水资源管理制度、作物用水量、政策制度、政府推动水资源管理制度的改革状况、节水技术的采用，以及村水利设施和社会经济的基本特征等内容。

◇◇ 第二节　农村地区水资源短缺的事实

为了研究农村水资源短缺的状况，我们从水资源是否短缺的主观判断、灌溉水源、供水可靠性和地下水位变化趋势等 4 个方面进行分析（李玉敏和王金霞，2008）。

一　水资源是否短缺的主观判断

水资源是否短缺来自当地村领导和农民对调查当年水资源是否短缺的主观判断。其中，如果村领导和农民认为水资源短缺已经严重影响了当地群众的生产和生活，则定义为水资源严重短缺。

调查表明，中国的水资源短缺状况目前已经不容乐观，而且这一趋势还在加重（见表 5.1）。2005 年不存在水资源短缺的村的比例仅为 30%，短缺村的比例高达 70%，也就是说，大部分村的农民已经感觉到了水资源短缺。另外，在水资源短缺的村中，有 15% 的村报道说他们已经面临十分严重的水资源短缺问题。2005 年与1995 年相比，短缺村的比例增加了 5 个百分点，其中严重短缺村的比例增加了 2 个百分点。由此可见，中国大部分地区存在着水资源短缺问题，部分地区的水资源还十分严重短缺，另外，这一趋势还在继续加重。

表 5.1　　　　　　　　　农村水资源短缺状况的主观判断

是否短缺		样本村的比例（%）	
		1995 年	2005 年
不短缺		35	30
短缺：		65	70
	其中严重短缺	13	15

资料来源：中国科学院农业政策研究中心。

二　灌溉水源

灌溉水源从一定程度上也反映水资源短缺的状况，一般来说，对地下水灌溉的依赖程度越高，表明该地区水资源就越短缺。

表 5.2　　　　　　　　　农村灌溉水源的状况

灌溉水源	样本村的比例（%）		灌溉面积的比例（%）	
	1995 年	2005 年	1995 年	2005 年
只用地表水	40	34	52	45
只用地下水	33	38	37	43
联合灌溉	26	28	11	12
合计	100	100	100	100

资料来源：中国科学院农业政策研究中心。

调查表明，尽管从现状来看，地表水和地下水在农村灌溉中的重要性差异不明显，但从过去的十年来看，地下水灌溉越来越重要，这也反映了水资源短缺的趋势（见表5.2）。2005年，从灌溉村的比例来看，地下水的灌溉比例比地表水略高一些，高4个百分比点。但从灌溉面积的比例来看，地表水的灌溉面积比例比地下水高2个百分比。由此可见，地下水和地表水对于灌溉具有同等的重要性。但是，过去的十年，无论是从灌溉村的比例来看，还是从灌溉面积的比例来看，地下水灌溉所占的百分比趋于上升，地表水趋于下降。例如，1995—2005年，仅用地表水灌溉的村减少了6个百分点，而仅用地下水灌溉的村增长了5个百分点，联合灌溉村的比例增长了2个百分点。

三 供水可靠性

供水可靠性状况也反映水资源短缺状况，可靠性越低，水资源越短缺。如果调查所问的时间段内（如5年期间）有一年地表水（地下水）不够用，则定义为地表水（地下水）供水不可靠；反之，涉及的年份内都够用，则定义为地表水（地下水）供水可靠。

调查表明，地表水的可靠性明显低于地下水；但无论是地表水还是地下水，它们的可靠程度都在显著降低（见表5.3）。例如，2005年，地表水供水可靠村的比例为40%；而地下水可靠村的比例却高达85%。另外，在过去的十多年间，地表水不可靠的村的比例增加了25个百分点；而地下水不可靠的村的比例也增加了 6 个百分点。

表 5.3   供水可靠性总体状况

供水可靠性	样本村的比例（%）			
	地表水可靠性		地下水可靠性	
	1991—1995 年	2001—2005 年	1991—1995 年	2001—2005 年
可靠村的比例（%）	65	40	91	85
不可靠村的比例（%）	35	60	9	15
合计	100	100	100	100

资料来源：中国科学院农业政策研究中心。

四 地下水位变动趋势

地下水位的变动趋势也经常是反映水资源短缺状况的一个重要指标。地下水位变动趋势也来自村领导和农民的主观判断或他们的直观感受。如果水位越来越低，表明水资源越来越短缺。

表 5.4   地下水位变动趋势

地下水位趋势	样本村的比例（%）	
	1991—1995 年	2001—2005 年
无变化	33	20
越来越高	1	4
越来越低	66	76
合计	100	100

资料来源：中国科学院农业政策研究中心。

调研结果表明，大部分村的地下水位都越来越低，而且这一趋势在加剧（表5.4）。2001—2005年，地下水位越来越低的村的比例占到了76%，地下水位不变的村的比例为20%，地下水位升高的村的比例仅为4%。就地下水位趋势的变化来看，1991—1995年到2001—2005年，地下水位降低的趋势越来越大，地表水位降低的村的比例增长了10个百分点，而地下水位不变的村的比例降低了13个百分点。

从各流域来看，地下水位下降的状况都比较严重，尤其是海河和黄河流域。2002—2005年，各流域地下水位越来越低的村的比例都超过了半数。其中，海河流域地下水位越来越低的村的比例最高，达到86%；黄河流域次之，为76%；再次是松辽流域，为63%；长江流域最低，为57%，但也超过了半数。从变化趋势来看，各流域地下水位越来越低的村的比例都有不同程度的增加，地下水位无变化的村的比例则相反，都在减少。黄河流域地下水位越来越低的村的比例增幅最大，增长了15个百分点，松辽和长江流域次之，都为7个百分点，海河为3个百分点。

以上的调研结果表明，无论从哪个指标来看，中国农村水资源的短缺状况都不容乐观，而且这一趋势还在加重。尽管不是所有的地区都存在较为严重的水资源短缺状况，但至少有很大一部分地区存在这一问题。例如从地下水位的下降来看，有一半以上地区的水资源短缺日益严重，尤其是海河和黄河流域等地区。如果有一半的地区存在较为严重的水资源短缺，这已经足以说明农村水资源的短缺状况是不容乐观的。

那么，面对日益严重的水资源短缺，我们的政府做出了哪些反应？这些反应的成效如何？也就是说，在面临日益严重的水资源短缺状况中，政府部门采取的一些政策和制度措施是否在缓解水资源短缺方面发挥了显著的成效。如果发挥了成效，是哪些政策和制度措施发挥了成效？哪些措施并没有实现预期的目标？在下一部分，针对这些问题，我们将展开进一步讨论。

◇◇ 第三节　政府做出的制度和政策反应

实际上，面对水危机，政府还是出台了一些相关政策，例如在地下水资源管理方面，出台并实施了打井许可证、井距规定、收取水资源费和改革水价等举措。那么，这些举错的实施效果究竟如何呢？调研发现，这些举措的实施效果很不理想。例如，仅有5%的村声称他们有打井许可证，7%的村认为他们在打井时会考虑井距的要求。而且没有一个村开始征收地下水的水资源费。另外，对于水价政策改革而言，进展十分缓慢。由此可见，政府在地下水管理政策方面做出了一些反应，但实施效果很不理想。这也难怪在中国北方一半的农村地区都存在地下水位下降的情况。

对于地表水资源管理，政府做出的主要反应是推动地表水灌溉管理制度的改革、水权制度建设及水价改革。在以下的分析中，我们以黄河流域灌区为对象，重点讨论地表水灌溉管理制度的变革进展、特征及其对作物用水的影响。另外，我们也将总结一下目前开展的黄河流域水权制度试点项目的成效及存在的主要问题。最后，我们结合河北省桃城区提补水价改革的试点工作，探讨一下农用水价改革的未来出路。

一 地表水灌溉管理制度的改革进展及影响

近年来，水资源短缺的日益严重已经成为制约社会经济发展的一个重要因素。许多人指出，原有的政府管理体制难以对成千上万的用水者所面临的各种事宜做出及时合理的反应，政府管理的无效率是导致灌溉系统运行不理想、水资源短缺等问题的主要因素。为了缓解水资源短缺，许多发展中国家都将改革灌溉管理制度作为解决这一问题的重要途径之一。灌溉管理制度改革的主要政策措施是将灌溉系统的管理权责从国家或集体部门转移给当地用水者，通过提高管理者的积极性和主动性以及鼓励用水者参与管理来提高灌溉系统的管理效率，缓解水资源短缺的问题。

自从 20 世纪 90 年代以来，改革灌溉管理制度也成为中国水利部门的工作重点和国际机构的资助重点。1995 年，世界银行在其资助的长江流域水资源项目中引入了"用水户参与灌溉管理"的概念。湖北省漳河灌区和湖南省铁山灌区开始进行建立用水户协会（WUA）的改革试点。1996 年，原国家计委、水利部组织实施了大型灌区续建配套节水改造项目，对影响灌区安全运行的骨干工程和严重影响灌区发挥效益的工程进行了改造。作为灌区工作指导思想的"两改一提高"中的一改就是要改革现行的管理体制。原水利部部长汪恕诚2001年9月在全国水利厅局长座谈会上曾提出要大力提倡组建农民用水协会等用水合作组织。截至2006年，全国已成立了用水协会2万多个。

根据我们的实地调查，目前村级渠道系统水管理制度主要存在三种方式：村集体管理、承包和用水协会管理（Wang et al.，2005）。如果村民自治委员会负责水资源分配、渠道运行和维修以及水费收取等事项，这样的管理系统就称为村集体管理，在人民公社期间这样的管理十分普遍。承包管理是村领导和个人签订合同管理水资源的相关事宜。用水协会理论上是成立农民组织来管理村的水资源。

样本数据显示，自20世纪90年代以来，尤其是步入21世纪之后，黄河流域灌区的灌溉管理改革取得了很大的进展，承包管理和用水协会管理已经逐步开始替代传统的集体管理方式（见表5.5）。在1995年，只有13%的样本村进行了灌溉管理改革，绝大多数样本村都是采取集体管理的方式。然而，到2001年，进行灌溉管理改革的样本村已经增加到了48%，其中30%的村推行了承包管理，18%的村推行了用水协会管理。到2005年，非集体管理已经占据了主导地位，有52%的村进行了改革；其中30%的村推行了承包管理，22%的村推行了用水协会管理。其间承包管理发展的速度要快于用水协会管理；承包管理发展更为迅速的原因可能是承包管理更容易操作，因而更容易在农村地区推行。

表 5.5　　　1995—2005 年宁夏和河南 4 个样本灌区集体、承包和

用水协会管理的比例（％）

	宁夏		河南		平均
	卫宁灌区	青铜峡灌区	人民胜利灌区	柳园口灌区	
1995 年					
集体管理	100	72	100	100	87
承包管理	0	18	0	0	7
用水协会	0	10	0	0	6
合计	100	100	100	100	100
2001 年					
集体管理	25	37	87	100	52
承包管理	25	46	13	0	30
用水协会	50	17	0	0	18
合计	100	100	100	100	100
2005 年					
集体管理	13	29	100	100	48
承包管理	50	42	0	0	30
用水协会	37	29	0	0	22
合计	100	100	100	100	100

资料来源：中国科学院农业政策研究中心。

从表 5.5 我们还可以发现，黄河流域灌区的灌溉管理改革呈现出很大的地区差异性。尽管在过去的 10 年内，灌溉管理制度表现出从集体管理向承包管理和用水协会管理的快速变迁的趋势，但是不同地区无论是在改革步伐还是在具体形式上都差异很大。就我们的样本资料来看，宁夏承包管理和用水协会管理的改革步伐明显快于河南。例如，在 1995 年，宁夏卫宁灌区所有村的地表水管理方式都是集体管理，但是到了 2005 年，有集体管理方式的村已经下降到了

13%，而有承包管理和用水协会管理的村分别上升到了50%和37%。在宁夏的青铜峡灌区，承包管理和用水协会管理的村也分别达到了42%和29%，而集体管理方式只占到29%。相反，河南改革的步伐和速度明显要比宁夏慢得多，甚至出现了倒退的现象。在2001年，有承包管理或者用水协会管理的村比例在河南的人民胜利灌区还有13%，而到了2005年，两个灌区的样本村都只剩集体管理一种形式，出现了集体管理"一枝独秀"的局面。

管理者的激励机制主要是与水费的收取方式相联系的。在实施水管理制度改革中，村渠道管理者按照年底实际用水量来向灌区交纳水费，而他们向农民收取的水费是按照年初确定的目标用水量来计算的。目标用水量是由灌区根据历年（主要是过去三年）的用水量和来水的可靠性决定的。如果村里的实际用水量低于目标用水量，在建立了完善激励机制的情况下，其中的节水盈余（差额）就归管理者。否则，如果没有相应的激励机制，管理者也不能得到这样的节水盈余。

在集体管理的情况下，这样的激励机制是不存在的。对于实行了承包和用水协会管理的村，激励机制在不同灌区的实施情况也是不同的。在2001年，仅仅有41%的改革村中建立了激励机制。在其余的改革村中，虽然名义上实施了制度的变革，但从激励机制来看，承包人或用水协会的管理者面临着弱激励或没有激励，和传统的集体管理很类似。因此，如果激励机制作为改革的一个很重要的部分，一些地区的承包和用水协会管理就可能比另外一些地区实施得更加有效。

灌区水管理中对农民参与的重视主要来源于有关管理有效性的考虑。参与常关注的问题是对于某种管理职责，谁最合适承担。那些喜欢参与的人认为应该和农民商谈并由他们来决定水管理者如何进行管理。在调查中，我们定义农民参与为以下三个方面：农民是否参与决定改革的决策（例如成立用水协会或实行承包），是否参与管理者的选择和农民是否应邀参与例会。这三个方面几乎涵盖了水管理的主要活动，即制度的产生、领导的选择和日常活动的决策。

尽管农民在世界上一些国家的灌区水管理中发挥了重要作用，但我们的调查发现，农民并没有参与进集体或承包管理中。传统上，中国许多的政府服务是采取从上至下的方式，很少和农民商讨或有农民的参与。虽然集体管理从理论上来说应该由整个集体决定，但实际上很少这样，很多时候是按照上级指示办。而且，我们调查也发现，在集体管理中，农民基本上很少参与。同样，我们的调查结果也显示，承包管理是将水资源管理的控制和收入的权利转给个人，几乎没有农民的参与。

相反，成立用水协会的一个很明显的意图是希望农民更多地参与到水管理中。主要是希望农民成为管理的成员，有权任命管理者和制定管理的规章制度。然而，实践常常和理论相违背。实际上，至少在用水协会的早期，农民是很少真正参与到管理中。根据我们的调查，平均来看，仅仅在13%的用水协会中，农民参与了决定是否成立的决策。农民也很少参与水管理的其他活动（Wang et al.，2006）。根据我们的调查结果，仅仅25%的用水协会允许农民参与选举管理者；另外，虽然80%的用水协会举行例会，仅仅有25%的用水协会邀请农民参加。

灌溉管理制度改革的一个主要目的是节水。虽然改革的主要目的是节水，样本数据的描述性统计分析和计量模型的结果表明，在一些建立了用水协会和承包管理的地区，作物用水量低于集体管理下的作物用水量，但在另外一些地区却不是这样。例如，在宁夏的青铜峡灌区，改革后每公顷的作物用水量低于集体管理的作物用水量（如用水协会低将近10%，承包管理低20%多）。然而，在宁夏的卫宁灌区和河南的人民胜利灌区，改革村的每公顷作物用水量却高于未改革村的作物用水量。

虽然以上的分析不能得出改革的有效性，但我们的数据表明了激励机制的重要性。当管理者面临很强的激励机制来通过节水获取利润时，每公顷作物的平均用水量就会降低40%。虽然我们的数据基本上表明激励机制和作物用水量之间的相关关系，但如果分析农民参与和作物用水量之间的关系，却不能发现类似的关系（Wang et al.，2005）。数据表明，在有农民参与水资源管理的村中，作物每公顷用水量并没有降低。

因而，在以政府推动为主的情况下，灌溉管理制度改革的实施效果常背离理论和政策设计。在一些实行了名义改革的村，比较改革后的制度和传统的管理方式，几乎没有明显的差异。这部分是由于实施的问题，我们的分析表明名义上的改革对作物用水几乎没有影响。然而，名义改革和作物用水缺乏系统的关系，并不意味着改革的进程失败了。灌区水管理制度改革的一个主要特征是管理者的激励机制。研究表明，激励机制实现了节水的目标。虽然文献中强调农民参与对水管理制度改革的重要性，但我们发现在样本区农民参与对用水没有影响。也可能是在我们的样本区，农民的参与程度如此低以至于不能发挥重要作用。实际上，调查也显示，农民并没有积极参与到水管理的活动中。我们需要对参与的决定因素和其影响作进一步分析。

总之，改革的设计是一回事，改革的实施是另外一回事。由于改革的这种自上而下的形成机制，尽管政府可以将改革方案设计得十分完美，但改革的具体实施过程和效果是政策制定者无法控制的。已有的改革大多还流于形式，建立起有效激励的实质性改革还很少，这一点值得我们特别重视。中国的灌溉资源管理制度改革还处于初期，还需要不断完善；政府还应该继续支持水资源管理制度的改革。然而，不同于改革的初始阶段，改革中更多的精力应该放在改革的有效实施上，特别是激励机制的实施上。建立和完善有效的激励机制将是中国未来水资源管理制度改革的重要组成部分和主要任务。

改革应该特别关注的另外一个问题是农民的激励机制问题，也就是如何实现农民在水资源管理中有效参与的问题。从长远来看，水资源管理制度改革的持续有效发展不仅需要凭借管理者激励机制的有效建立和实施；还需要农民的有效参与。有趣的是，无论从国际还是国内，大多将近年来在灌区开展的水资源管理制度的改革称其为农民或用水户参与式的改革。由此可见，农民参与是改革的核心，改革的希望。这也是世界银行在20世纪90年代初期资助中国灌溉项目中为何强调一定要有农民的参与才给予资助的重要原因。国内外有关农民参与的文献也称得上是汗牛充栋，反而关于管理者激励机制的文献却寥寥无几。目前普遍认可的农民参与的含义就是充分赋权给农民，不仅要让农民自己选择管水的领导者，还要让他们有权决定日常的管理事务，诸如运行和维修、水费的收取和效益的分配等事务。只有真正赋权于农民，农民的参与才能在提高灌溉系统的运行绩效方面发挥作用。在中国，实现农民的真正和有效参与还需要一个相对较长的过程，这与传统上农民很少参与有很密切的关系。要想实现有效的农民参与，提高农民节水的积极性，需要建立强有力的制度和政策环境，还要让农民和政府部门都认识到农民参与的潜在影响和长久效益。

二　水权制度的建立

我们在黄河流域灌区的实证研究表明，如果灌溉管理制度改革有效实施，确实能够在提高水资源利用效率方面发挥有效作用。但是，调研中也发现，地方灌溉管理部门对于进一步推动制度改革的动力不足。究其原因，主要是缺乏水权制度，地方政府及时通过灌溉管理制度改革节约了一定的水资源，但节约的水资源往往通过行政手段被无偿分配到其他区域和其他部门。这就意味着如果没有水权制度，灌溉管理改革也很难持续发展下去；灌溉管理制度改革和水权制度是相辅相成的。为此，自从21世纪以来，黄河流域上游地区的宁蒙灌区开始试行水权制度转让。

黄河中上游的宁夏、内蒙古的水权转换工作，是中国北方缺水流域水权市场实践的开始，对于中国水权市场的进一步探索有深远意义。由于内蒙古和宁夏达到了黄河分配的用水指标，两自治区为了解决工业和城市发展的用水问题，只能通过调整用水结构、大力推行灌区节水解决。根据水权转换的思路，两自治区尝试通过农业节水、将节余水量有偿转让给工业项目，探索出了水资源优化配置的有效途径，即"投资节水，转换水权"（王亚华，2007）。2004年5月，水利部出台了《关于内蒙古宁夏黄河干流水权转换试点工作的指导意见》，紧接着黄河水利委员会发布了《黄河水权转换管理实施办法（试行）》，为黄河上中游地区的水权转让提供了依据。

黄河水权转换的探索实践，在宁夏、内蒙古自治区取水许可控制总量不突破的前提下，充分利用市场调节手段，使工业项目业主单位自愿投资于节水改造工程，并将灌区输水系统节约下来的水量有偿转换给工业项目，保障了这些新建工业项目的用水需求，实现了水资源由低附加值行业向高附加值行业的转移，破解了制约严重缺水地区经济社会发展的瓶颈，为区域经济社会的快速发展奠定了坚实的基础（汪恕诚，2004）。

宁夏、内蒙古引黄灌区的部分农业水权流转至工业领域，水权转换的受让方通过对灌区的节水改造，使得农业灌溉节水工程建设状况得到明显改善（陈连军等，2007）。以对灵武电厂水权转换项目工程的实际节水量进行复核计算为例，干渠砌护后年减少损失量2150万立方米，减少耗水量900万立方米；支斗渠砌护后年减少损失量1397.8万立方米，减少耗水量689.3万立方米。经测算，内蒙古南岸灌区2005年秋灌用水量比2004年节约2000多万立方米，渠道水的损耗率由68%左右下降到35%左右（刘晓民等，2007）。

　　根据《内蒙古自治区黄河水权转换总体规划报告》和《宁夏回族自治区黄河水权转换总体规划报告》分析，按照近期可转换水量实施向工业项目的水权转换，宁夏、内蒙古单方黄河水用于工业的效益分别为57.9元和83.8元，黄河水资源利用毛效益增加140.27亿元，扣除灌区节水工程投资后，黄河水资源利用净效益将增加131.52亿元（张会敏等，2006）。

　　正在进行的黄河水权转换变单纯依靠国家或地方政府解决灌区节水工程投资为多渠道融资，使多年未落实的节水工程投资有了着落，渠道工程老化问题得到解决（张会敏等，2006）。例如，目前开展的水权转换项目，共为宁蒙引黄灌区融资6.7亿元。尤其是黄河南岸灌区融资就达4.3亿元，是1998年以来国家投入资金的7.29倍。通过水权交易，灌区可以迅速筹集大量的、急需的工程改造资金，克服了灌区长期以来依靠国家投资的思想观念，拓宽了灌区水利建设的资金渠道，推动了灌区的节水改造步伐，提高了灌溉水利用率，促进了灌区的良性运行和持续发展。

　　水权转换的受让方投资灌区节水工程改造后，大幅度降低了农业灌溉的输水损失，提高了渠系水利用系数，这意味着在相同灌溉条件下，灌区田间用水量不减少，而从渠首工程的引水量减少了，农民实际支出的水费相应减少，有效减轻了农民负担。按现状农业用水价格进行初步分析，宁夏自流灌区1.2分/立方米，内蒙古自流灌区5.3分/立方米，扬水灌区5.4分/立方米，宁夏4个水权转换项目实施后，每年共减少农民水费支出72万元，内蒙古14个水权转换项目实施后，每年共减少农民水费支出773万元。根据内蒙古黄河南岸灌区管理局对农民水费支出的对比分析，2006 年较 2005 年农民亩均水费支出减少了 11 元，亩均水费支出减少了 60%（陈连军等，2007）。

实施水权转换，探索出了一条利用市场调节机制通过水权交易解决干旱地区经济社会发展用水的新途径，同时对加强黄河水资源的统一管理和调度，促进黄河水资源优化配置、高效利用和有效保护具有重要的作用，是中国北方地区，尤其是黄河流域经济社会发展的必由之路。水权转换是运用水权、水市场理论的大胆实践，它是新生事物，是理论创新，是水资源管理制度的创新。随着水权转换的不断完善和实践，它所形成的理论与体系必将丰富和发展水权、水市场理论体系和内容，对推动中国水权交易的实践具有重要的示范作用。

黄河水权转换尚处于探索阶段。在审查宁蒙两区的水权转换规划和工程实施过程中，发现了一些问题。主要表现在以下方面：第一，初始水权分配不具体。初始水权分配是进行水权转换的基础。《黄河水权转换管理实施办法（试行）》第三条规定："进行水权转换的省（自治区、直辖市）应制定初始水权分配方案。"在实施水权转换的过程中，宁蒙两区虽制订了初始水权分配方案，把国务院"1987 年分水方案"分配给本区的水量，通过自治区政府文件明晰到市（地）级，但以此作为初始水权分配方案并用于未来转换水权不好操作，突出表现在：（1）初始水权只分配到市一级，市以下以县或灌区为用水单元的用水户的初始水权并没有明晰；（2）在初始水权分配中没有将支流水量量化，地表水和地下水没有进行统筹分配；（3）初始水权分配方案中，没有明晰国民经济各个行业用水、优先次序及保证率等。所有这些不仅没有明晰用水户的用水权益，导致取水人权利、责任、义务的分离，还会给今后的水资源管理调度和黄河水权转换带来不便操作的麻烦。

第二，政策法规不健全，缺乏制度保障。目前，中国关于水权转让方面的政策法规还没有出台，水权转让工作缺乏法律支撑和制度保障。宁蒙两区开展水权转让试点过程中暴露出水权转让和交易目前尚缺乏法律依据，缺乏具体的水权转让指导政策及管理办法。从试点的申报、审批、组织实施、建设管理到考核验收，缺乏一套统一有效、规范协调的管理制度和办法。

第三，水权转换的补偿机制不健全。现阶段水权转换主要是通过对灌区进行节水改造，将节约下来的灌区用水转让给其他行业。随着灌区节水改造的实施，灌溉过程中的渗漏量必将大大减少，使灌区对地下水的补给水量减少，这样可能造成区域地下水水位下降或沿渠道两侧的植被将受到不同程度的影响，灌区内的水域、坑塘的水面将会有所减小，有可能对灌区生态与环境造成一定影响。另外，随着水权转换的实施，水权受让方（企业）的建成投产，区域排污量必将增加，这会对区域水环境带来不利影响。对于农业灌溉，由于工业供水保证率高于农业灌溉的保证率，遇枯水年或年内的枯水期时，在确保工业供水的情况下，必然会对农业灌溉供水带来影响。尽管《黄河水权转换管理实施办法（试行）》中，明确提出水权转换的费用应包括必要的农业风险补偿、经济补偿和生态补偿，但具体到宁夏和内蒙古自治区的水权转换工作中，对于这些补偿费用却没得到完全落实（何宏谋等，2007）。

第四，水权转换缺乏强大的技术支撑。水权转换过程涉及一系列的定量计算，比如初始水权的分配、转换水量的确定、转换价值的计算、水资源价值的计算、水资源输送过程中的渗漏、蒸发，等等，都与选择的计量方法密切相关，如果计量不准，则有可能阻碍水权转换的进行。另外，水资源具有时空分布特性，水质的好坏将直接影响转换水权的价格，而水质的检测、水资源时空特性的确定都需要一定的技术支持，水权转换所涉及的工程费用的合理规划与分配及补偿费用的确定也是当前限制水权转换的技术因素（姜丙洲等，2007）。黄河流域水资源监测点的布设主要集中在干流，许多重要支流或主要取水口还没有设置站点，且监测技术比较落后，这助长了水资源的过度开采和使用。

第五，水权转换没有充分调动实际用水户节水的积极性。由于黄河初始水权分配只到市一级，没有分配到用水户，所以，当前黄河水权转换只是市水行政主管部门与新建项目业主之间通过水权转换取得引黄水量指标，而不是用水户与业主之间的水权转换，加之节水工程投资主要投向市水行政主管部门，因此受益的是水行政主管部门，而非用水户特别是农业用水户，这些用户没有从水权转换中得到实惠，当然节水的积极性不会被调动起来，加上一些没有尝到水权转换带来好处的水管单位认为节水将减少水费收入，节水的愿望和意识就不迫切，就会出现水行政主管部门积极性高，用水户积极性低的问题（刘晓岩、席江，2006）。

三　农用水价的改革

随着水资源短缺的日益严重，近年来运用管理、制度和政策的手段来建立资源节约型的社会逐渐得到了中国政策决策者的高度重视，水资源的管理思想也逐渐从供给管理向需求管理转变。21世纪初，水利部领导明确提出了要从水资源可持续利用的角度，将传统上的工程水利向资源水利转变（汪恕诚，2000）。强调对水资源的商品性和有限性的重新认识；强调对水资源的配置、节约和保护；强调科学管理和水资源的统一配置、统一调度和统一管理等。《中共中央关于制定国民经济和社会发展第十个五年计划的建议》首次提出了建立节水型社会的目标。2002年的《水法》明确规定："国家厉行节约用水，大力推进节水措施，发展节水型工业、农业和服务业，要全面建设节水型社会。"2005年3月12日，胡锦涛总书记在中央人口资源环境工作座谈会上指出，"要把建设节水型社会作为解决中国干旱缺水问题最根本的战略举措"。《国民经济和社会发展第十三个五年规划纲要》提出，必须把节约资源作为基本国策，长期坚持和实施节约优先的方针，生产、建设、流通、消费各领域都要把节约资源放在突出位置，努力降低消耗，减少损失浪费，提高资源利用效率。《纲要》特别指出，强化水资源管理制度方面，一要加快推进国家水权制度建设，全面推行用水总量控制和定额管理。二要推进水资源调蓄和配置工程建设，加强水资源开发利用管理。三要以落实水功能区管理制度为核心加强水资源保护。四要制定规划，抓好试点，分步推进，深化水资源管理体制改革。五要抓紧建立适应节水型社会建设的水资源管理体制。

需求管理的核心是运用以市场为导向的多种经济和政策手段来调节水资源的利用和优化配置；其中，水价被认为是其中最有效的一种经济和政策工具。自从20世纪80年代中期以来，中国就不断推进水价体制的改革。尤其是自从新《水法》颁布以来，中国的水价体制改革明显加快。2003年国家发改委和水利部颁布了《水利工程供水价格管理办法》；2004年国务院办公厅印发了《关于推进水价改革促进节约用水保护水资源的通知》。然而，近几年，尽管水价改革取得了一些进展（尤其是工业和生活水价），但是，总体上看农业水价改革的推进速度还比较慢；用水者缺乏激励机制导致用水效率不高的现象仍然十分普遍，从而阻碍了节水型社会建设在农村地区在广度和深度上的推进。

农业水价改革推进困难主要源于以下两方面的原因。首先，末端农业用水者的计量设施落后（或基本上没有），因而很难监控用水量的大小，对用水者有很强激励机制的计量水价就难以推行，因而阻碍了农业水价改革的有效推进。其次，农业的经济产出和农民的承受能力较低，水价太高会增加农民负担，为了保障农民的收入水平，很多地方政府都害怕提高水价对农民的收入产生负面影响，因而普遍认为农业水价改革与提高农民收入的目标相背离。近些年，随着农业税的减免和农业直补政策的推行，还有些发达地区为了减轻农民的负担，甚至还减免了农业水费。但是，如果水价不提高，农民就没有激励机制来节约用水，农业节水的目标就很难实现。因而，农业水价改革陷入了两难的境地。

尽管从全国来看，农业水价改革举步为艰；但河北省衡水市桃城区的"提补水价"改革试点却为陷入困境的农业水价改革开辟了一条新途径。在该项改革中，"提"是指将水价提高，以充分发挥价格杠杆的经济调节作用。"补"是项目在实施中运用项目资金对水价改革给予补贴，将补贴资金和水价提高的部分作为节水调节基金，按承包地面积再平均补贴给农民。一提一补的水价改革，其主要的创新点或亮点是试图探索出一条既能发挥价格的经济杠杆作用，有效地调节水需求；又能通过补贴的途径减少水价提高导致的对农民收入等的负面效应。

为了深入了解河北省衡水市桃城区提补水价改革试点的成效与经验，我们于 2009 年 10 月在试点区开展了实地调查。主要是随机抽取了 10 个试点村和 10 个非试点村进行分析。下面我们基于农业政策研究中心的调研结果分析该试点改革取得的节水效果。

调研结果表明，提补水价改革在一些试点村产生了一定的节水效果，推动了节水型社会的建设（见表 5.6）。在我们抽取的 10 个试点村中，有 7 个试点村真正实施了改革，而另外 3 个试点村的改革只是名义上，实际上的水费（或电费）收取方式和改革前没有任何区别。从 2005 年到 2009 年期间，在所调研的 7 个真正实施试点的村中，有 50% 的农户反映他们的亩均用电量发生了变化。其中，在用水量发生变化的农户中，大部分农户（86%）认为他们的亩均用电量趋于减少。这一比例显著高于非试点村。

在非试点村中，尽管有48%的农户反映他们的亩均用电量发生了变化，但在用电量发生变化的农户中，仅仅有32%的农户认为他们的亩均用电量趋于减少。对于名义实施改革的村中，反映亩均用电量发生变化的农户比例（42%）也低于真正实施村的农户比例（50%）。因为用电量与地下水的用水量有很强的正相关关系，所以在很大程度上，我们可以认为亩均用电量的减少就意味着亩均用水量的减少。

表5.6 亩均用电量的变化情况

	亩均用电量是否变化		亩均用电量如何变化	
	是	否	减少	增加
试点村				
真正实施的村				
农户数	14	14	12	2
农户百分比（%）	50	50	86	14
名义实施的村				
农户数	5	7	3	2
农户百分比（%）	42	58	60	40
非试点村				
农户数	19	21	6	13
农户百分比（%）	48	52	32	68

资料来源：中科院农业政策研究中心。

计量模型估计结果表明，无论是小麦还是棉花，灌溉水价的变化与地下水用量成显著负相关关系，且统计检验显著。也就是说，在其他条件不变的情况下，如果水价上升，小麦和棉花单位面积的地下水用量就会下降。这也从另外一个角度说明了实行水价改革对作物用水量的显著影响。与小麦和棉花不同的是，玉米的模型估计结果显示，提补水价的改革并没有对玉米的地下水用量产生显著影响。不论是否实际参与或名义参与提补水价项目变量，还是灌溉水价的变化变量，回归系数的统计检验均不显著。这可能是由于玉米生长在雨季，对灌溉的依赖程度较低，因而对提高水价的反应不显著。

提补水价试点改革之所以能产生一定的节水效应，主要是诱导农民增加了节水投资。调研结果表明，在 7 个真正实行了试点的村中，尽管大部分农户（68%）认为提补水价政策并没有直接导致他们增加了节水投资。但是，还是有部分农户（32%）明确地表示，提补水价政策确实诱导他们增加了节水投资。对于这些增加节水投资的农户而言，他们增加的投资主要是小白龙；增加了小白龙投资的农户有 8 户，达样本总数的 89%。另外，还有个别农户反映他们的节水投资还包括作物种植结构的调整（11%）及抗旱品种的采用（11%）。

尽管提补水价的试点改革取得了一些节水成效，而且一些经验也值得大力推广。但是，为了进一步提高试点改革的节水效应，而且将该试点的经验在更长时期和更大范围内进行推广，我们建议该试点的工作还需要注意如下几方面的问题，并针对这些问题加以改进和完善，以促使农业水价的试点改革在更大范围内开展。

首先，试点中政府补贴的方式及补贴资金的强度需要进一步探讨，进一步加强节水的激励机制。在河北省衡水市桃城区的提补水价试点改革中，政府的补贴资金是和全村用电量正向挂钩的，也就是按照每度电一定的价钱来给每个村的所有农民进行补贴。为了提高节水的效应，政府的这部分补贴最好不和用电量挂钩；即使挂钩，也应该是反向的挂钩，即用电量越小，拿回的补贴就越多。这里有很多值得探讨的问题。目前政府的补贴仅为农民电费的8%。基于我们计量模型的分析结果，如果真正实施这一提补水价改革，农民的节水效应是20%—30%。如果想进一步激励农民提高节水的投资，政府的补贴强度起码应该不低于节水的强度，节水的效益应该全部返回给农民，从而真正体现水权的价值。

其次，该试点的监管机制尚需加强，从而来保障示范区按照预期的项目设计方案开展工作。我们的调研发现，河北省衡水市桃城区的试点工作尽管取得了一定成效，但是，部分试点工作的监管机制尚需进一步加强。在调研的10个试点村中，仅仅有70%的试点村的试点可以被称为在真正实施。而其余30%的试点村只能称为名义上实施的提补水价改革。这里对真正实施和名义实施的定义主要是分析试点村的农民是否了解他们正在参与的这个水价改革，特别是对水价的提高幅度和补贴方式的了解方面。如果农民很清楚，那说明这样的试点就是在真正的或实际上实施的；否则，这样的试点就是名义上的。

再次，需深入了解试点区的需求价格弹性，据此设计有效的示范方案。在河北省衡水市桃城区的提补水价试点改革中，其水价提高的幅度主要是基于当地水务部门的管理经验，而且也主要是从可能被农民接受、易于操作的层面上考虑的。但是，经验和易操作固然重要，提高后水价政策能在多大程度上实现节水的效应也应该在试点中加以充分考虑。如果要了解试点水价政策可能的节水效应，就必要开展相应的实证研究。通过实证研究，深入了解不同试点地区的农业用水的需求价格弹性，由此来设计有效的示范方案，达到预期的节水目的。所以，在今后的试点工作中，开展实证研究来了解水需求价格弹性对于保证试点改革的成功和有效性将是重要的一个环节和必不可少的工作。

最后，试点村的用水和管理特征较为单一，需研究其他类型的试点村，扩大可能的推广面河北省衡水市桃城区提补水价试点改革村的水资源都十分短缺，村以深井为主，而且实行的是村集体管理。由于管理方式单一，试点操作相对容易。如果个体机井太多，而且不是由村领导统一管理，那项目办的工作人员不仅需要和村领导做工作，而且需要和很多个体机井的负责人加以接触，来推动试点的顺利改革。但是，我们在北方六省的调研表明，随着机井产权制度的变革，个体机井所占的比例逐渐增加，已成为机井管理的主体方式（Wang et al.，2009）。对于水价试点改革而言，如果村里个体机井所占的比例较大，而且不是由村领导统一管理，那么，其操作模式就会有别于衡水的模式。如果试点改革要在大范围推广，就需要考虑不同类型地区的改革操作差异。

◇ 第四节　农民的反应

一　转变农用机井的产权和管理方式

调查表明，面对水资源短缺，农民首先做出的反应是逐渐从集体产权的机井向个体产权的机井转变。我们在河北省的调查表明，在 20 世纪 80 年代初，93％ 的机井归集体所有，然而，到了 20 世纪 90 年代末期，集体产权的机井已经减少到了 36％（王金霞，黄季焜，Scott Rozelle，2005）。与此同时，个体产权的机井从 7％ 上升到了 64％。我们在北方六省区（内蒙古、辽宁、山西、陕西、河南和河北）的调查也表明了类似的趋势。1995 年，在所有使用地下水的村中，集体产权的机井占机井总数的 58％。然而，到了 2004 年，集体产权机井的比例仅为 30％，与此同时，个体产权机井所占的份额则从 42％ 上升到了 70％。

除了机井产权的转变之外，机井的管理职责也逐渐从集体向农民个体转变。集体产权机井的所有管理活动主要是由村干部负责，包括机井和泵的维修（分别为 78％ 和 66％）以及水费的收取（68％）等（表 5.7）。然而，从 1995 年到 2004 年，集体产权机井的许多管理责任从村干部向农民个人转移。例如，就机井的维护而言，从 1995 年到 2004 年，由承包人负责维护集体机井的比例增加了 8％，而由农民个人负责维修集体机井的比例增加了 2％。其他各项管理活动也体现出了类似的变化趋势。另外，个体产权机井的管理完全归属于农民个人，村集体对此没有任何实质上的管理职权。由此可见，过去 10 多年，村集体在机井管理中的作用逐渐下降，而农民个人的管理职责却逐渐上升。

表 5.7　　　　　　　　　北方地区集体机井管理职责的变化

	机井数量的比例（%）			总计（%）
	村干部	承包者	个人	
放水				
1995 年	62	17	21	100
2004 年	50	27	23	100
协调灌溉次序				
1995 年	65	16	19	100
2004 年	56	26	18	100
维修机井				
1995 年	77	10	13	100
2004 年	67	18	15	100
维修水泵				
1995 年	66	13	21	100
2004 年	51	23	26	100
收取水费				
1995 年	68	17	15	100
2004 年	56	28	16	100

资料来源：中国科学院农业政策研究中心在 2004 年对北方 6 省区的实地调查。

计量模型估计结果表明，在其他条件都不变的情况下，随着地下水位的下降或水资源开发利用程度的提高，水资源越来越短缺，地下水灌溉系统的产权制度就由集体产权向非集体产权转变。随着耕地资源短缺程度的加重，个体农民更愿意投资水利来提高耕地资源的生产力水平。另外，我们的研究还表明，政策因素会影响地下水灌溉系统产权制度的创新；而且不同政策的影响是不同的。财政补贴的变量系数是正值而且十分显著，这说明水利财政政策促进了非集体产权制度的创新。相反，水利财政信贷的变量系数是负值，这可能表明水利信贷政策有利于集体产权制度的扩张。

以上分析表明，地下水灌溉系统产权制度的创新是多种因素综合作用的结果。但是由于诱导因素的变化是一个逐渐的和相对漫长的过程，而且不同产权制度产生的效益是不同的，这就预示着如果政策因素能够合理地引导地下水灌溉系统产权制度的创新，使其能够更快更有效地发展，那么这种产权制度的创新就可能为社会创造更多的经济效益和社会效益，促进水资源持续有效地开发和利用。水资源短缺程度的加剧和社区生存环境的恶化是一个不可逆转的长期趋势，但是如果地下水灌溉系统产权制度的创新依赖于这种资源和环境恶化趋势的长期推进，一者是我们不容易看到这种演变的迅速有效发生，再者我们也不希望以资源和环境为代价来换取产权制度的演变。

为此政府应该积极运用有效的政策手段来诱导产权制度的演变，而不应该消极地等待演变的发生和发展。通过运用合理的水利财政政策，进一步明确政策导向，从投资方向上正确引导非集体产权制度的地下水灌溉系统的产权制度的创新。政府一方面应该继续加大对非集体产权制度的地下水灌溉系统的财政支持力度，另一方面应该特别关注如何将水利信贷向农民倾斜，发育农村金融市场，改善农民的水利信贷条件，提高农民的投资能力。农民投资能力的提高一方面不但可以促进非集体产权制度的创新，另一方面也可以促进节水工程的推广运用，提高灌溉用水的利用率。

进一步的研究表明，机井产权和管理方式的个体化转变不仅提高了机井管理的技术效率，而且可以促进作物种植结构的调整。个体机井与集体机井相比，机井的管理效率可以提高11%。另外，随着机井个体化经营的转变，农民更倾向于种植经济价值相对更高、对水需求更敏感的作物，从而提高了水资源的生产率。和集体机井相比，个体机井的发展并没有导致地下水位的加速下降。但是，也值得我们注意的是，尽管个体机井没有导致地下水位的加速下降；但是，随着个体机井的扩张，地下水位还在继续下降。这说明，农民对机井产权和管理方式做出的个体化转变尽管可以提高机井的管理效率和水资源的生产率，但并不能从根本上解决水资源短缺的矛盾。因而，国家还应该重视相关政策措施的出台。但是，我们在制定相关政策措施时，应该考虑到农民的这一反应。

鼓励并引导农民优化配置地下水灌溉系统的各种投入要素，努力提高灌溉系统的技术效率，尤其要注意改进灌溉系统内部的治理机制，优化灌溉系统的规模，从而提高灌溉系统的生产能力和服务水平，促进灌溉系统的持续有效发展，促进当地农业生产的持续发展。最后，产权制度创新和合理水价相结合，促进水资源持续有效地开发和利用。研究表明，地下水位的下降可能导致产权制度的创新；然而在水价不考虑水资源本身价值的情况下，可能会导致短期甚至长期内水资源的过度开发利用，导致地下水位下降的加速。所以灌溉系统产权制度的创新和水资源的合理定价两者的结合应该是未来水资源政策的重点内容，只有这样，才可能促进水资源持续有效地开发和利用。

二　发育地下水灌溉服务市场

随着机井产权由集体产权形式向个体产权的转变，那些自己没有机井的农民如何获取地下水进行灌溉成为一个新的问题。在20世纪70年代和80年代期间，几乎所有机井归集体所有，所有的村都实行着简单的水分配原则，所有农民几乎公平地从集体机井抽水灌溉。在一些村中，村集体为农民交水费，或者对水费提供补贴。然而，机井产权由集体产权向个体产权的转变，打破了传统的取水制度。现在，个体机井成为机井产权的主导形式，没有机井的农民如何灌溉变得越发重要。

地下水灌溉服务市场（简称地下水市场）的发育为这些没有井的农民提供了灌溉的机会。地下水市场是一种本土的、社区（或村级）的、非正规的制度安排，通过这种安排，有井的农民按照某种价格向村里的其他农民提供灌溉服务）（Zhang et al. , 2008）。在卖水者中，典型的是拥有超过自己灌溉需要的多余的灌溉能力的机井的个体所有者；除此以外，还有股份制产权的机井股东向非股东的农民卖水。

地下水市场的发育程度可以从两个方面来衡量：广度和深度。地下水市场发育的广度是回答多大范围的农民参与市场交易的问题，可以用卖水的机井比例来表示；而地下水市场发育的深度是回答地下水市场交易量的大小，可以用机井卖水量的比例来表示。

从地下水市场发育的广度来看，南亚国家地下水市场的发育程度稍高于中国北方缺水代表地区河北和河南。在南亚国家，45%的机井都从事卖水；而在河北和河南两省，参与卖水的机井数不到40%（表5.8）。然而，从地下水市场发育的深度来看，河北和河南两省的地下水市场的发育程度又稍高一些，平均的卖水比例达到70%，也就是说，在卖水的机井中，有70%的出水量是用来做交易，仅有30%的水是用来满足自己的需要。相比而言，南亚国家机井的卖水比例不足70%。总体来看，中国北方缺水代表省份地下水市场的发育程度和南亚国家基本相当，因而应该引起研究者和政策制定者的足够重视。

表5.8　河北、河南两省样本机井与南亚国家地下水市场发育程度的比较

	河北和河南两省样本机井	南亚国家
地下水市场发育的广度：		
卖水的机井比例（%）	36	45
地下水市场发育的深度：		
机井的平均卖水比例（%）	70	65

资料来源：中科院农业政策研究中心；南亚国家的数据根据 Shah（1993）的研究整理得出。

北方地下水市场的扩张是十分迅速的。基于2004年中国北方六

省水资源的调查数据表明，在北方缺水严重的地区，对于有个体机井的样本村，1995年时仅有19%的村有地下水市场；到2004年，有地下水市场的村所占的比例已经高达41%。另外，在卖水的机井中，平均的卖水比例达到70%。中国地下水市场的发育程度和南亚国家基本相当。

中国北方地区的地下水市场具有和南亚国家十分相似的特点。这些特点主要表现为以下三个方面：（1）无约束性：政府通常对地下水市场的运作不施加直接的影响。研究表明，乡及乡级以上政府对地下水市场的运作不施加干预；（2）地域性：水市场通常只在一个村的范围内运作，更常见的是，只在一个村的一部分范围内存在地下水交易。调查发现，94%的机井所有者只向本村的农民卖水，只有6%的机井所有者卖水给外村的农民；（3）分散性：买水者由于受客观物质条件所限不能随意选择卖水者，造成了水市场的分散性。

定性分析和定量估计结果都表明，影响地下水市场发育的主要因素有机井产权制度、水资源和耕地资源的短缺程度。相对于股份制产权，个体产权的机井更可能促进地下水市场的发育。另外，水资源越短缺，耕地资源越短缺，地下水市场的发育程度就越高。随着机井产权制度的进一步演变即个体产权机井数量的进一步增加、水资源和耕地资源的日益短缺，不难预见，地下水市场将会进一步发育，范围会更广，程度会更深。

地下水市场的发育不仅可以显著地提高水资源利用的社会效益，而且可以提高水资源利用的经济效益。从社会效益来看，地下水市场可以在很大程度上改善用水的公平程度，缩小农民间由于机井个体化可能导致的收入差距。另外，地下水市场的发育也促进了水资源利用的经济效益的提高。运用调查数据进行的定量研究结果表明，与有井的农民和从集体机井灌溉的农民相比，从地下水市场买水灌溉的农民会显著地提高水资源的生产率，提高水资源利用的经济价值。也就是说，从地下水市场买水灌溉的农民会减少每公顷作物的用水量，但他们的作物产量不会因此而受到负面影响，最终促进了这些买水农民每单位用水量的作物产出的显著提高。尽管我们的研究表明地下水市场是提供灌溉的一种有效的方式；但其对地下水位等环境方面的影响还需要做进一步的研究。

三 采用节水技术

除了转变机井的产权和管理方式以及发育地下水市场外，面对水资源短缺，农民还做出了采用节水技术的反应；采用节水技术来提高水资源利用效率也是备受政府部门和学术界关注的一项重要措施。基于我们的实地调查，我们将节水技术分为三类：传统的、基于社区的和基于农户的节水技术。传统的节水技术是指那些采用较普遍、采用年限很久（甚至在新中国成立之前就已经采用）的节水技术，例如平整土地、畦灌和沟灌等。基于社区的节水技术是指那些固定成本较高，采用和维护通常需要政府、村集体和农民来集体决定的节水技术，例如地下管道、渠道衬砌和喷灌等节水技术。基于农户的节水技术是指那些固定成本较低、一家一户农民可以自己采用的节水技术，例如地膜、地上管道、抗旱品种和保护性耕作（如留茬、免耕）等节水技术（Blanke et al. , 2005）。

表 5. 9   北方地区采用不同节水技术的村的比例

年份	传统的节水技术			基于社区的节水技术		基于农户的节水技术			
	畦灌	沟灌	平整土地	地下管道	渠道衬砌	地面管道	地膜	留茬/免耕	抗旱品种
1950	43	8	53	0	0	1	2	9	4
1960	47	9	58	0	0	1	2	9	5
1970	51	11	63	0	2	1	2	10	6
1980	54	13	67	1	8	2	5	11	8
1990	56	14	72	6	11	17	22	19	19
2000	60	18	75	18	20	42	54	40	37
2004	61	18	76	24	24	47	58	53	42

资料来源：中国科学院农业政策研究中心。

调查结果显示，过去 50 多年以来，基于农户的节水技术发展较快。传统的节水技术（如畦灌、沟灌和平整土地等），在 20 世纪 50 年代就已经大规模应用于北方农村。例如，1950 年，北方地区已经有 53% 的村采用平整土地的技术。然而，在改革时期，传统技术的增长速度较慢。例如从 1950 年到 2004 年，采用平整土地节水技术的村仅增加了 23%，畦灌和沟灌也仅增加了 18% 和 10%。而对于基于农户的节水技术而言，1950 年的采用率很低，在 1%（地面管道）和 9%（留茬/免耕）之间。直到 90 年代初，基于农户的节水

技术的采用率才出现了显著的上升趋势。到 2004 年，至少有 42%
的村民至少用过一种农户水平上的节水技术。过去的 50 多年，基于
农户的节水技术的采用率提高了 38% （抗旱品种）—56% （地
膜）。基于社区的节水技术的发展遵从了和基于农户的节水技术同
样的趋势，但它的发展速度较缓，过去 50 多年，采用地下管道或渠
道衬砌的村的比例提高了 24%。这一结果说明，面对水资源短缺，
农民的反应更敏感。

　　研究还进一步发现，总体来看北方地区节水技术的采用率还很
低，中国在促进节水技术方面仍然有很大的政策操作空间。从节水
技术采用村的比例来看，除了个别传统的节水技术（如平整土地和
畦灌）外，大部分节水技术的采用率都低于 60%，尤其是基于社区
的节水技术（仅为 24%）（见表 5.9）。从节水技术采用的播种面积
的比例来看，节水技术的采用率更低（见图 5-1）。2004 年，传统
节水技术的采用面积比例仅为 25%，基于农户的节水技术的采用面
积比例仅为 21%；而基于社区的节水技术的采用率更低，仅为 7%。
由此可见，过去的十年，尽管节水技术的采用率有所提高，尤其是
基于农户的节水技术，但节水技术的采用率仍然很低，在促进节水
技术的采用方面仍然有很大的政策操作空间。

　　节水技术的采用主要与水资源短缺程度及政府的政策支持有
关系；另外还受到作物的种植结构、非农就业机会、农民人均纯
收入、农民受教育程度及人均耕地面积等社会经济因素的影响。
理论上讲，资源越短缺，采用节约资源技术的可能性就越大。我
们的调研结果也表明，水资源的短缺与三类节水技术的采用都呈

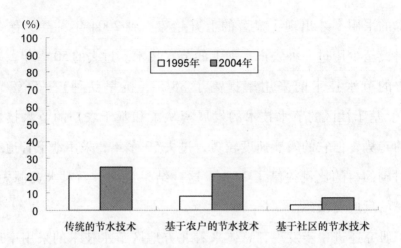

图 5 - 1　北方地区采用不同节水技术的播种面积的比例

现了显著的正相关关系。一个地区的地下水灌溉比例越高，往往表明该地区的水资源就越短缺。研究发现，当一个村的地下水灌溉比例从 12% 提高到 45% 时，传统型节水技术的采用面积比例也从低于 5% 提高到接近 60%。另外，当地下水的灌溉比例从 24% 提高到 43% 时，农户型节水技术采用面积的比例也从低于 5% 提高到 30%；社区型的节水技术也提高到 20% 多。最后，我们把调查村也按照地表水和地下水的供给情况对节水技术的采用进行了分析，结果也表明，在地表水或地下水供给不足的村，节水技术采用的面积比例也较大。

　　政府政策支持也是诱导农民采用节水技术的重要因素。调研中，我们主要分析了三种类型的政策：技术推广政策、资金扶持政策及技术示范政策。分析结果表明，节水技术的采用与技术推广政策和资金扶持政策有显著的正相关关系；而技术示范政策与节水技术采用的关系不是很显著。例如，在农户节水技术采用面积比例低于5%的村中时，仅仅有20%多的村可能会得到政府技术推广的服务和5%的村能得到资金的支持。而在农户型节水技术采用面积比例高于30%的村中，有45%的村能够得到政府技术推广的服务，而且有接近13%的村中可以得到政府资金的支持。同样，当社区型节水技术采用面积的比例从低于5%提高到接近30%时，能够得到政府推广技术的村的比例也从28%提高到62%；得到政府资金支持的村的比例也从5%提高到18%。最后，我们发现传统型节水技术和政府的技术推广服务及资金支持有很显著的正相关关系。

我们还发现，节水技术的采用与社区及农户的一些社会经济因素紧密相关。例如，如果经济作物的种植面积越大，农民采用节水技术的可能性就越大。这主要是由于经济作物的利润较高，因而就提高了农民采用节水技术的积极性。另外，如果非农就业机会越大，农民采用节水技术的可能性就越小。这是因为非农就业机会越大，农民对农业的投入就越不重视，因而就影响节水技术的采用。但是，如果农民的人均收入越高，而且农业收入仍然十分重要，农民采用节水技术的可能性就越大。另外，农民的受教育水平越高，接受新技术的能力也越强，因而就越可能采用节水技术。最后，随着人均面积的降低，在水资源有限的情况下，农民更愿意采用节水技术，获得可靠的水资源供给，从而来保障农业生产的持续。

◇ 第五节　结论及政策含义

基于许多面上的数据，越来越多的学者指出，中国农村水资源的短缺状况日益严重。为了对水资源短缺的实际状况和变动趋势有较为全面和清楚的了解，我们运用分层随机抽样的方法，对全国南北方四大流域（长江流域、黄河流域、海河流域和松辽流域）的10个省、68个县的538个村开展了实地调查。通过对调查资料的分析，我们从水资源是否短缺、灌溉水源、供水可靠性和地下水位变动趋势等四个方面对农村水资源的短缺状况进行了全面的了解，而且也初步分析了水资源短缺的不同指标与作物种植结构之间的可能相关关系。

调查结果表明，无论从哪个指标来看，中国的水资源短缺状况都不容乐观，而且这一趋势还在加重。水资源短缺还呈现出明显的地区差异。尽管不是所有的地区都存在较为严重的水资源短缺状况，但至少有很大一部分地区存在这一问题。例如从地下水位的下降来看，有一半多地区的水资源短缺日益严重，尤其是海河和黄河流域等地区。如果有一半的地区存在较为严重的水资源短缺，这已经足以说明农村水资源的短缺状况是不容乐观的。

面对日益严重的水资源短缺问题，政府也做出了相应的反应。不仅颁布了一些地下水资源管理方面的政策，而且也积极推动地表水灌溉管理制度的改革。另外，政府部门也支持一些地方水利部门通过实行试点改革，探索水权制度和水价政策的可能实施方案。实证研究的结果表明，尽管无论从中央还是地方，我们都采用了一些地下水资源的管理政策，但是，实施效果并不理想。因而，在地下水资源管理方面，不仅要考虑如何来颁布新的政策措施，更重要的是要注重如何将已有的政策措施落实下去。在地表水灌溉管理改革中，最重要的是要加强节水激励机制的建立，并要注重农民在用水协会管理中的真正参与。研究也表明，为了保证灌溉水管理制度改革的可持续发展，必须要建立水权制度，否则地方政府就缺乏节水的激励机制。尽管黄河流域已经开展了一些水权转换的试点工作，但想在更大区域建立水权市场目前还存在很大的制度、政策和技术等方面的阻力。水价改革是一个有潜力的政策工具，如果采用一种双赢的水价政策是需要在更大范围来开展政策试验的。

　　研究结果表明，面对水资源短缺，中国北方地区的农民会做出一些反应。农民不仅会将集体产权和集体管理的机井转变成个体产权和个体管理的机井，农民还自发性地形成了地下水市场，使得那些没有井的农民得到了灌溉的机会。机井产权和管理方式的个体化转变不仅提高了机井管理的技术效率，而且可以促进作物种植结构的调整，从而可以提高水资源利用的生产率和经济价值。地下水市场在促进水资源的公平利用和提高水资源利用的经济价值方面也发挥着显著的作用。另外，面对水资源短缺，农民还做出了采用节水技术的反应。与传统的和基于社区的节水技术相比，基于农户的节水技术发展较快，反映了农民在采用节水技术方面的反应最敏感。尽管节水技术的采用得到了一定重视而且发展较快，但总体而言，北方节水技术的采用率还很低，中国在促进节水技术方面仍然有很大的政策操作空间。

农民的反应一方面可能会缓解水资源短缺的矛盾，另一方面却可能使得水资源短缺更为严重。机井产权制度、管理方式的转变及地下水市场的发育可以提高水资源利用的社会和经济价值，从而在一定程度上缓解水资源短缺对农业生产造成的负面影响及由此引发的社会经济矛盾。但是，在个体农民追求短期经济效益的驱动下，越来越多的农民会参与到开发（或利用）地下水资源的活动中。尽管个体机井的管理效率和水资源的单位用水效率会提高，但由于机井的总体数量和取水总量并不能得到有效控制（也超出了个体农民所能考虑和控制的范围），因而地下水位下降等相关的环境问题并不能得到缓解。伴随着农民的这些反应，地下水位下降、地面沉陷等环境问题仍然在发生。因此，我们的结果表明，政府不能忽视农民对水资源短缺的反应，而应该重视农民的反应。在对农民的行为有充分了解的基础上，政府应该积极运用相关的政策和制度措施（诸如水价、水资源费、水资源管理制度改革、水权、财政和信贷等政策）来合理地引导农民的反应，尽量减少其潜在的负面影响；不仅提高个体机井的管理效率和水资源利用率，而且也要从总量上来有效控制地下水资源的合理开采和利用，促进水资源和社会经济的可持续发展。

参考文献

《气候变化国家评估报告》编写委员会：《气候变化国家评估报告》，
　　科学出版社 2007 年版。

《中国共产党第十三次全国代表大会报告》1987 年。

《中国共产党第十六次全国代表大会报告》2002 年。

《中国共产党第十八次全国代表大会报告》2012 年。

《中国共产党第十九次全国代表大会报告》2017 年。

布里安·兰多夫·布伦斯、露丝·梅辛蒂克主编：《水权协商》，田
　　克军等译，中国水利水电出版社 2004 年版。

财政部、国家税务总局：《关于全面推进资源税改革的通知》，
　　2016 年。

财政部、国家税务总局、水利部：《扩大水资源税改革试点实施办
　　法》，2017 年。

财政部、国家发展和改革委员会、住房和城乡建设部：《污水处理
　　费征收使用管理办法》，2014 年。

财政部、国家税务总局、水利部：《水资源税改革试点暂行办法》，
　　2016 年。

财政部、环境保护部：《关于水污染防治专项资金管理办法的通

知》，2015 年。

蔡守秋：《论水权体系和水市场》，《中国法学》2001 年。

柴盈：《农业基础设施建设的一个制度分析框架——以中国封建时期灌溉设施建设为例》，《中国农村观察》2008 年第 1 期。

畅明琦、刘俊萍：《农业供水价格与需求关系分析》，《水利发展研究》2005 年第 6 期。

陈华：《我国饮用水安全的形势、隐患和对策》，《海峡预防医学杂志》2008 年第 14 卷第 1 期。

陈连军：《我国内陆河水资源管理体制新模式初探》，黄河水政网，http：//www. china5e. net/news/water/200401/200401130102. html。

陈连军、张文鸽、何宏谋：《黄河水权转换试点实施效果》，《中国水利》2007 年第 19 期。

陈晓光、徐晋涛、季永杰：《华北地区城市居民用水需求影响因素分析》，《自然资源学报》2007 年第 22 卷第 2 期。

陈瑜：《我国完成最新湿地遥感制图》，《科技日报》2010 年 5 月 5 日。

崔建远：《水权与民法理论及物权法典的制定》，《法学研究》2002 年第 3 期。

樊晶晶：《论取水权的物权化》，《广西政法干部管理学院报》2009 年第 4 期。

缚春、胡振鹏、样志峰等：《水权、水权转让与南水北调工程基金的设想》，《中国水利》2001 年第 2 期。

高而坤主编：《中国水权制度建设》，中国水利水电出版社 2007

年版。

耿香利：《河北省水资源税改革试点的意义及面临的问题》，《经济论坛》2016 年第 8 期。

关涛：《民法中的水权制度》，《烟台大学学报》2002 年第 2 期。

国家发展改革委、水利部、建设部：《水利发展"十一五"规划》，2007，http：//www. ndrc. gov. cn/zcfb/zcfbtz/2007tongzhi/W020070607490857858318. pdf。

国家发展和改革委员会、水利部、国土资源部、环境保护部、住房和城乡建设部、农业部、国家林业局、中国气象局：《全国水资源综合规划》，2002 年。

国家发展和改革委员会、住房和城乡建设部：《关于加快建立完善城镇居民用水阶梯价格制度的指导意见》，2013 年。

国务院：《城市供水条例》，1994 年。

国务院：《城镇排水与污水处理条例》，2013 年。

国务院：《国务院办公厅关于推进水价改革促进节约用水保护水资源的通知》，2004 年。

国务院：《国务院关于加强城市供水节水和水污染防治工作的通知》，2000 年。

国务院：《国务院关于实行最严格水资源管理制度的意见》，2012 年。

国务院：《国务院关于印发水污染防治行动计划的通知》，2015 年。

国务院：《淮河流域水污染防治暂行条例》，1995 年。

国务院：《农田水利条例》，2016 年。

国务院:《取水许可和水资源费征收管理条例》,2006 年。

国务院:《太湖流域管理条例》,2011 年。

国务院办公厅:《关于建立农田水利建设新机制的意见》,2005 年。

国务院办公厅:《控制污染物排放许可制实施方案》,2016 年。

国务院办公厅:《水利工程管理体制改革实施意见》,2002 年。

韩素华、秦大庸、王浩:《通过水价调整推进农业水资源高效利用》,《中国水利水电科学研究院学报》2004 年第 2 卷第 2 期。

何宏谋、薛建国、邢芳:《黄河水权转换中的补偿机制研究》,《中国水利》2007 年第 19 期。

胡德胜:《水人权:人权法上的水权》,《河北法学》2006 年第 5 期。

黄磊、郭占荣:《中国沿海地区海水入侵机理及防治措施研究》,《中国地质灾害与防治学报》2008 年第 19 卷第 2 期。

黄仁宇:《中国大历史》,生活·读书·新知三联书店 2005 年版。

姜丙洲、章博、李恩宽:《内蒙古水权转换试验区监测效果分析》,《中国水利》2007 年第 19 期。

姜文来:《水权及其作用探讨》,《中国水利》2001 年第 12 期。

蓝克利著,董晓萍译:《不灌而治——山西四社五村水利文献与民俗》,中华书局 2003 年版。

李冬、王亚男、时进钢:《浅谈我国推行排污许可制度难点及对策》,《中国环境管理》2016 年第 5 期。

李焕雅、雷祖鸣:《运用水权理论加强资源的权属管理》,《中国水利》2001 年第 4 期。

李强、沈原、陶传进等：《中国水问题：水资源与水管理的社会学研究》，中国人民大学出版社 2005 年版。

李勤：《试论民国时期水利事业从传统到现代的转变》，《三峡大学学报》（人文社会科学版）2005 年第 9 期。

李玉敏、王金霞：《农村水资源短缺：现状、趋势及其对作物种植结构的影响》，《自然资源学报》2009 年第 24 卷第 2 期。

李周等：《化解西北地区水资源短缺的研究》，中国水利水电出版社 2004 年版。

梁涛、王浩、丁士明等：《官厅水库近三十年的水质演变时序特征》，《地理科学进展》2003 年第 22 卷第 1 期。

廖永松：《灌溉水价改革对灌溉用水，粮食生产和农民收入的影响分析》，《中国农村经济》2009 年第 1 期。

林毅夫：《关于制度变迁的经济学理论：诱致性变迁与强制性变迁》，陈昕主编《财产权利与制度变迁——产权学派与新制度学派译文集》，三联书店 2000 年版。

刘芳：《水资源属性与水权界定》，《制度经济学研究》2008 年第 3 期。

刘红梅、王克强、郑策：《水权交易中第三方回流问题研究》，《财经科学》2006 年第 1 期。

刘书俊：《基于民法的水权思考》，《法学论坛》2007 年第 4 期。

刘伟：《中国水制度的经济学分析》，上海人民出版社 2005 年版。

刘晓璐：《石家庄市水资源环境现状分析与保护》，《中国水利》2009 年第 5 期。

刘晓民、吴黎明、万峥：《黄河内蒙古段水权转换研究》，《人民黄河》2007 年第 10 期。

刘晓岩、席江：《黄河水权转换工作中应重视的几个问题》，《中国水利》2006 年第 7 期。

柳长顺、陈献、乔建华：《华北地区井灌区农户灌溉用水状况调查研究》，《水利发展研究》2004 年第 4 卷第 10 期。

罗其友：《节水农业水价控制》，《干旱区资源与环境》1998 年第 12 卷第 2 期。

马建琴、夏军、刘小洁等：《中澳灌溉水价对比研究与我国水价政策改革》，《资源科学》2009 年第 31 卷第 9 期。

马晓强：《水权与水权的界定》，《北京行政学院学报》2002 年第 1 期。

毛春梅：《农业水价改革与节水效果的关系分析》，《中国农村水利水电》2005 年第 4 期。

倪琳：《水资源有偿使用收入管理亟待转型》，《水利经济》2012 年第 6 期。

宁立波、靳孟贵：《我国古代水权制度变迁分析》，《水利经济》2004 年第 11 期。

裴丽萍：《水权制度初论》，《中国法学》2001 年第 2 期。

裴源生、方玲、罗琳：《黄河流域农业需水价格弹性研究》，《资源科学》2003 年第 25 卷第 6 期。

钱正英、张光斗：《中国可持续发展水资源战略研究综合报告及各专题报告》，中国水利水电出版社 2001 年版。

秦泗阳、常云昆：《中国古代黄河流域水权制度变迁》（上），《水利经济》2005 年第 9 期。

秦泗阳、常云昆：《中华民国时期黄河流域水权制度述评》，《水利经济》2006 年第 7 期。

全国人民大表大会：《中华人民共和国防洪法》，1998 年。

全国人民大表大会：《中华人民共和国水土保持法》，2011 年。

全国人民代表大会：《中华人民共和国水法》，1988 年。

全国人民代表大会：《中华人民共和国水法》，2002 年。

全国人民代表大会：《中华人民共和国水污染防治法》，2008 年。

全国人民代表大会：《中华人民共和国物权法》，2007 年。

饶明奇：《明清时期黄河流域水权制度的特点及启示》，《明清史》2009 年第 9 期。

任丹丽：《论水权的性质》，《武汉理工大学学报》2006 年第 3 期。

任国玉、郭军、徐铭志等：《近 50 年中国地面气候变化基本特征》，《气象学报》2005 年第 12 卷第 6 期。

邵益生：《论水权管理的几个问题》，《中国建设报》2002 年 9 月 27 日第 17 期。

沈福新、耿雷华、曹霞莉等：《中国水资源长期需求展望》，《水科学进展》2005 年第 16 卷第 4 期。

沈满洪、陈锋：《我国水权理论研究述评》，《浙江社会科学》2002 年第 9 期。

水利部、南京水利科学研究院：《21 世纪地下水资源的开发和利用》，中国水利电力出版社 2004 年版。

水利部：《水利部关于水权转让的若干意见》，2005 年。

水利部：《水量分配暂行办法》，2007 年。

水利部：《水权交易管理暂行办法》，2016 年。

水利部：《2009 中国水利统计年鉴》，中国水利水电出版社 2009 年版。

水利部：《开展节水型社会建设试点工作指导建议》〔水资源（2002）558 号〕2012 年。

水利部：《中国水资源公报》，中国水利水电出版社 2008 年版。

水利部网站：《水务管理体制改革——走过十一年》，2004 年。

孙焕仑：《洪洞县水利志补》，山西人民出版社 1992 年版。

托马斯·思德纳：《环境与自然资源管理的政策工具》，张慰文、黄祖辉译，上海三联书店、上海人民出版社 2005 年版。

汪恕诚：《水权转换是水资源优化配置的重要手段》，《水利规划与设计》2004 年第 3 期。

汪恕诚：《资源水利：人与自然和谐相处》，中国水利水电出版社 2002 年版。

汪恕诚：《水权转换是水资源优化配置的重要手段》，《水利规划与设计》2004 年第 3 期。

王金霞、黄季焜、徐志刚、Scott Rozelle、黄秋琼著：《灌溉、管理改革及其效应——黄河流域灌区的实证分析》，中国水利水电出版社 2005 年版。

王金霞、黄季焜、Scott Rozelle 著：《地下水灌溉系统产权制度的创新及流域水资源核算》，中国水利水电出版社 2005 年版。

王金霞、黄季焜：《国外水权交易的经验及对中国的启示》，《农业技术经济》2002 年第 5 期。

王世昌：《海水淡化及其对经济持续发展的作用》，《化学工业与工程》2010 年第 27 卷第 2 期。

王亚华：《水权解释》，上海三联书店、上海人民出版社 2005 年版。

王亚华：《关于我国水价、水权和水市场改革的评论》，《中国人口·资源与环境》2007 年第 5 期。

夏军、苏人琼、何希吾等：《中国水资源问题与对策建议》，《战略与决策》2008 年第 23 卷第 2 期。

夏军：《华北地区水循环与水资源安全：问题与挑战》，《地理科学进展》2002 年第 21 卷第 6 期。

萧正洪：《环境与技术变迁》，中国社会科学出版社 1998 年版。

新华社：《关于"河长制"，8 个亮点值得记住》，2016 年。

杨秀伟、赵广和：《水利，水利事业概况》，《中国百科年鉴 1981》，中国大百科出版社 1981 年版。

杨益：《我国再生水利用潜力巨大》，《经济》2010 年第 4 期。

于法稳、屈忠义、冯兆忠：《灌溉水价对农户行为的影响分析——以内蒙古河套灌区为例》，《中国农村观察》2005 年第 1 期。

张会敏、邢芳、曹惠提：《宁蒙黄河水权转换实践价值分析》，《中国水利》2006 年第 15 期。

张建云：《气候变化与中国水安全》，《阅江学刊》2010 年第 8 卷第 4 期。

张汝翼：《明清广利渠的管理》，水利史研究室主编，中国科学院、水利电力部水利水电科学研究院水利史研究室五十周年学术论文集，中国水利电力出版社 1986 年版。

张瑜、沈莉萍、李舜斌：《我国排污许可制度现状的研究》，《低碳世界》2017 年第 11 期。

张宗祜、李烈荣：《中国地下水资源》，中国地图出版社 2004 年版。

赵江燕：《国内农业灌溉水价研究综述》，《甘肃农业科技》2006 年第 4 期。

赵文涛、李亮：《苏锡常地区地面沉降机理及防治措施》，《中国地质灾害与防治学报》2009 年第 20 卷第 1 期。

赵一红：《马克思的"亚细亚生产方式"理论与东方社会结构》，《马克思主义研究》2002 年第 5 期。

赵永平：《水利部部长汪恕诚就全面建设节水型社会答记者问》，《人民日报》2006 年 3 月 5 日。

中共中央、国务院：《中共中央 国务院关于加快水利改革发展的决定》，2011 年。

中国科学院可持续发展战略研究组：《2007 中国可持续发展战略报告——水：治理与创新》，科学出版社 2007 年版。

中国水利编辑部：《水价改革势在必行》，《中国水利》1998 年第 1 期。

中华人民共和国审计署：《黄河流域水污染防治与水资源保护专项资金审计调查结果》（审计署审计公告 2011 年第 36 号），2011 年。

中华人民共和国水利部：《水利部关于内蒙古宁夏黄河干流水权转

换试点工作的指导意见》，2004 年。

中华人民共和国水利部：《中国水资源公报》，2005 年。

中华人民共和国水利部：《中国水资源公报》，2008 年。

中华人民共和国水利部：《深化水务管理体制改革指导意见》，
2005 年。

周春应、章仁俊：《农业需水价格弹性分析模型》，《节水灌溉》
2005 年第 6 期。

周霞、胡继胜等：《我国流域水资源产权特性与制度建设》，《经济
理论与经济管理》2001 年第 11 期。

周亚、张俊峰：《清末晋南乡村社会的水利管理与运行——以通利
渠为例》2005 年第 3 期。

周□、李洪任、梁秀：《江西省水权交易现状及相关问题的思考》，
《江西水利科技》2017 年第 4 期。

左慧元：《黄河金石录》，黄河水利出版社 1999 年版。

Anthea Coggan, et al. Accounting for Water Flows: Are Entitlements to
Water Complete and Defensible and Does this Matter? CSIRO Sustain-
able Ecosystems: 2, 9, 12, 2004.

Blanke, A. , S. Rozelle, B. Lohmar, et al. "Water Saving Technology
and Saving Water in China", *Agricultural Water Management*,
Vol. 87, 2007, pp. 139 – 150.

Costanza R. , Arge R. , Croot R. , et al. "The Value of the World's Eco-
system Services and Natural Capital", *Nature*, Vol. 387, 1997,
pp. 253 – 260.

Espey, M. , J. Espey, et al. "Price Elasticity of Residential Demand for Water: a Meta-Analysis", *Water Resources Research*, Vol. 33, No. 6, 1997, pp. 1369 – 1374.

Green Peace, "毒" 隐于江——长江鱼体内有毒有害物质调查, 2008 (http://www. greenpeace. org/china/zh/press/reports/fish2010 – rpt).

IPCC. Climate Change 2007: the Physical Science Basis, Contribution of Working Group I to the Fourth Assessment Report of the Intergovernmental Panel on Climate Change. Cambridge: Cambridge University Press, 2007.

Jan G. Laitos. Water Right, Clean Water Act Section 404 Permitting, and the Taking Clause. U. Colo. L. Rev. , Vol. 60, 1989, pp. 901, 905.

Jaris G. , David L. S. , David Z. "Transaction Costs and Trading Behavior in an Immature Water Market", *Environment and Development Economics*, Vol. 7, 2002, pp. 733 – 750.

Javier C. , Alberto G. "Modelling Water Markets under Uncertain Water Supply", *European Review of Agricultural Economics*, Vol. 32, No. 2, 2005, pp. 119 – 142.

Jeremy Nathan Jungreis. Pemit' Me Another Drink: a Proposal for Safeguarding the Water Rights for Federal Lands in the Regulated Riparian Eas. Harv. Envt. l Rev. , Vol. 29, 2005, p. 373.

Jiao L. "China: Scientists Line up against Dam that would Alter Protected Wetlands", *Science*, Vol. 326, 2009, pp. 508 – 509.

Manuel A. , Josa. "Local Water Markets for Irrigation in South Spain: a

Multicriteria Approach", The Australian Journal of Agricultural and Resource Economics, Vol. 46, No. 1, 2002, pp. 21 – 43.

Manuel M. , Karin E. K. Institutional Frameworks in Successful Water Markets: Brazil, Spain, and Colorado, USA. World Bank Technical Paper. Washington D. C. : World Bank, 1999.

Mark W. Rosegant, Renato Gazmuri S. "Reforming Water Allocation Policy through Markets in Tradable Water Rights: Lessons from Chile, Mexieo and California", Cuademos de Eeonomia, Vol. 32, No. 97, 1995, pp. 291 – 315.

NIR B. "Value Moving from Central Planning to Market System: Lessons from the Israeli Water Sector", Agricultural Economics, Vol. 1, No. 12, 1995, pp. 11 – 21.

Piao S. , Ciais P. , Huang Y. , et al. "The Impacts of Climate Change on Water Resources and Agriculture in China", Nature, Vol. 467, 2010, pp. 43 – 51.

Qiu J. "China Faces Up to Groundwater Crisis", Nature, Vol. 466, 2010, p. 308.

Robert R. H. , Easter K. W. Water Allocation and Water Markets: an Analysis of Gains from Trade in Chile. World Bank Technical Paper. Washington D. C. : World Bank, 1995, p. 315.

Robert R. Heame, K. William Easter. "The Economic and Financial Gains from Water Markets in Chile", Agrieultural Eeonomies, Vol. 15, 1997, pp. 187 – 199.

Rosegrant, Mark W. and Renato Gazmuri Scheleyer, Tradable Water Rights: Experiences in Reforming Water Allocation Policy, Irrigation Support Project for Asia and the Near East, Sponsored by the U. S Agency for International Development, 1994.

Singh, Chhatrapati. Water Rights and Principles of Water Resources Management, India Law Institute, 1991.

Stephen Hodgson. Modern Water Rrights Theory and Practice. Food and Agriculture Organization of the United Nations, 2006, pp. 4 – 5.

Vaux H. J. , Howitt R. E. "Managing Water Scarcity: an Evaluation of Interregional Transfers", *Water Resources Research*, Vol. 20, 1984, pp. 785 – 792.

Wang, J. , J. Huang and S. Rozelle. "Evolution of Tubewell Ownership and Production in the North China Plain", *Australian Journal of Agricultural and Resource Economics*, Vol. 49, No. 2, 2005, pp. 177 – 195.

Wang, J. , J. Huang, S. , Q. Huang, et al. "Agriculture and Groundwater Development in Northern China: Trends, Institutional Responses, and Policy Options", *Water Policy*, Vol. 9, No. S1, 2007, pp. 61 – 74.

Wang, J. , Z. Xu, J. Huang, et al. "Incentives in Water Management Reform: Assessing the Effect on Water Use, Productivity and Poverty in the Yellow River Basin", *Environment and Development Economics*, Vol. 10, 2005, pp. 769 – 799.

Wang, J. , Z. Xu, J. Huang, et al. "Incentives to Managers and Participation of Farmers: Which Matters for Water Management Reform in

China?" *Agricultural Economics*, Vol. 34, 2006, pp. 315 – 330.

World Bank. A User-based Approach to Water Management and Irrigation Development. Report of Latin America and the Caribbean Country Department Ⅲ. Washington D. C. : World Bank, 1995.

Young, R. Determining the Economic Value of Water: Concepts and Methods, Resources for the Future Washington, 2005.

Zhang, L. , J. Wang, J. Huang, et al. "Development of Groundwater Markets in China: a Glimpse into Progress, World Development", Vol. 36, No. 4, 2008, pp. 706 – 726.